世界茶文化学术研究丛书 姚国坤 [日]熊仓功夫 总编

荣西《吃茶养生记》研究

关剑平 [日]中村修也 主编

中国农业出版社
北京

图书在版编目（CIP）数据

荣西《吃茶养生记》研究 / 关剑平，（日）中村修也主编. —北京：中国农业出版社, 2020.3（2021.1重印）
（世界茶文化学术研究丛书）
ISBN 978-7-109-25562-3

Ⅰ.①荣… Ⅱ.①关… ②中… Ⅲ.①茶文化②茶叶－食物养生③《吃茶养生记》－ 研究 Ⅳ.①TS971.21②R247.1

中国版本图书馆CIP数据核字（2019）第103687号

中国农业出版社出版

地址：北京市朝阳区麦子店街18号楼
邮编：100125
特约专家：穆祥桐
责任编辑：姚 佳
版式设计：王 晨 责任校对：沙凯霖
印刷：北京中兴印刷有限公司
版次：2020年3月第1版
印次：2021年1月北京第2次印刷
发行：新华书店北京发行所
开本：700mm×1000mm 1/16
印张：11
字数：193千字
定价：58.00元

丛 书 编 委 会

顾 问 宋少祥

总 编 姚国坤 [日]熊仓功夫

本 书 编 委 会

主 编 关剑平 [日]中村修也

编 委（以姓氏笔画为序）

[日]中村羊一郎 [日]中村修也 关剑平

宋少祥 沈冬梅 姚国坤 [日]高桥忠彦

黄 杰 程启坤 [日]熊仓功夫

日文版序

[日]熊仓功夫

　　就像在《世界茶文化学术研究丛书》的第一册《陆羽
〈茶经〉研究》的序言里所预告的那样，第二届研讨会的题
目是"荣西《吃茶养生记》研究"，2012年10月2日研讨会
在静冈召开了，由静冈县的世界绿茶协会主办，羽衣食品株
式会社协办。当晚，兼任世界绿茶协会会长的川胜平太静冈
县知事出席了研讨会。次日，在静冈会议中心召开了主题为
"荣西与《吃茶养生记》"公开研讨会，迎来了大量的研究者、
茶界相关人士、普通市民等。在研讨会上发表的论文经进一
步修订后，出版了这部论文集，与第一届研讨会一样。

　　荣西《吃茶养生记》是日本第一部茶学的专著，可以说
相当于中国的陆羽《茶经》。该书不仅介绍茶的功效，还介绍
了制茶法和中国的茶叶文献，在被广泛阅读的同时，很多读
者对于荣西的执笔动机、对象以及影响并不清楚，对于《吃
茶养生记》与荣西所见所闻的中国宋代茶文化的关系也需要
进一步研究。尽管如此，作为日中共同研究的成果，《吃茶养
生记》的研究成果，对今后的研究将产生深刻的影响。此外，
由高桥忠彦先生专门整理的《吃茶养生记》的文体与语汇，
使本书价值倍增。

　　在出版中，与第一册一样，高桥忠彦先生及其门人山崎
蓝、佐藤正光先生承担了翻译工作，在此表示衷心的感谢。
另外，对于撰稿的中日研究者以及为了研讨会的召开而奔走
的关剑平、中村修也先生也表示衷心的感谢。对于本次研讨
会给予支持的世界绿茶协会及其会长川胜平太知事、羽衣食
品后藤康雄会长致以深深的敬意。

　　本书的中文版也将马上出版，当初的计划能顺利实现令

人欣喜。期待世界茶文化学术研究会能够持续发展，中日共同开展的茶学研究硕果累累。

前排左起：浙江树人大学现代服务业学院副研究员关剑平，公益财团法人世界绿茶协会会长、静冈县知事川胜平太，静冈文化艺术大学教授、校长熊仓功夫，东京学艺大学教授高桥忠彦。后排左起：静冈县经济产业部茶业农产课长白井满，静冈产业大学特任教授中村羊一郎，文教大学教授中村修也，世界绿茶协会专务理事深井满（2012 年）

第二届世界茶文化学术研究会公开研讨会会场

《吃茶养生记》及其研究
——代前言

关剑平

一、荣西简历编年

荣西（1141—1215）出生于备中国（现在的冈山县）吉备津神社的社家贺阳家，幼名千寿丸，号千光、明庵。8 岁时，在父亲的指导下读《俱舍颂》，11 岁师事安养寺静心，14 岁在日本天台宗总本山的延历寺剃发受戒，号荣西。1157 年，静心圆寂，师事师兄千命，18 岁受传《虚空藏求闻持法》。1159 年，随比叡山有辩学天台宗，1161 年立志赴宋。27 岁受大山寺习禅房基好两部灌顶。

翌年的仁安三年（1168）四月三日出发赴宋，二十四日到明州（今宁波）。五月在丹丘遇重源，同入天台山万年寺，诣阿育王寺，九月一同回国。冬，向比叡山座主明云呈《天台章疏》。1169 年，复兴备前金山寺，灌顶；再建备中清和寺，改名安井寺；在备前日应寺主持密教灌顶，之后数年在日应寺。1175 年，为誓愿寺落庆供养的阿阇梨，起草《誓愿寺创建缘起》。1176 年去誓愿寺等待宋版《大藏经》的到来。1178 年，先后著《誓愿寺盂兰盆缘起》和《法华经入真言门诀》。1180 年，东大寺、兴福寺烧毁。1181 年，著《密宗隐语集》。1185 年，奉后鸟羽天皇御敕在神泉苑祈雨，授号叶上。日本第一个武士政权平氏被源氏取代，镰仓时代开始了。

文治三年（1187），47 岁的荣西再次入宋，四月二十五日前往首都临安，可是没有得到前往天竺的许可。经历一次回国失败后，去天台山万年寺在虚庵怀敞下参禅。1188 年，捐款修造万年寺山门、两廊。1189 年，随虚庵怀敞去天童山景德寺。1190 年，答应从日本运送木材复原天童山千佛阁。建久二年 (1191)，接受虚庵怀敞所传法衣，受临济宗黄龙派印可，七月乘坐杨三纲的船回国，八月举行了日本首次禅宗仪轨。1192 年，在筑前建立建久报恩寺，举行了最初的菩萨戒布施，并实现了向天童山运送木材的诺言。源赖朝就任征夷大将军。1193 年，在筑后国建千光寺。

1194 年，上京宣扬禅宗，天皇下旨禁止达磨宗（禅宗）。1195 年，在筑前博多创建圣福寺，成为日本最初的禅宗道场的开山。著《出家大纲》。1198 年，著《兴禅护国论》。1199 年，受将军源赖家的邀请，赴镰仓。翌年，60 岁的荣西担任了源赖朝周年忌供养法会的导师。北条政子创建寿福寺，以荣西为开山。荣西重修《出家大纲》。1202 年，将军把京都五条以北、鸭川原以东的土地给荣西建立建仁寺，显、密、禅三宗并置。1204 年，营造建仁寺僧堂，著《斋戒劝进文》《日本佛法中兴愿文》。1205 年，建仁寺成为官寺。1206 年，授重源菩萨戒，重源没，作为重源的后任，担任东大寺劝进职。1207 年，登栂尾高山寺，向明惠推荐吃茶，赠茶树种子。

1211 年，71 岁的荣西撰写了《吃茶养生记》，这个最初的版本被称为初治本。闻俊芿由宋回国，急赴博多，邀请住持建仁寺。1213 年，完成京都法胜寺九重塔的再建，就任权僧正。建保二年 (1214) 一月，重修《吃茶养生记》，这个版本被称为再治本。二月四日，向将军源实朝献上茶和《吃茶养生记》。1215 年，著《入唐缘起》，从镰仓出发去京都，七月五日圆寂。

二、《吃茶养生记》著述目的的推演

即便仅仅从以上的简历上看，荣西也堪称日本佛教史上的伟大僧侣。这么一位在建立推广日本禅宗上做出杰出贡献的僧侣在日本茶史上也同样具有里程碑性的地位与作用，这点恐怕就是荣西自己也是始料不及的。

荣西与茶相关的史料并不多。荣西第一次入宋时，在到达中国一个月后的宋孝宗乾道四年 (1168) 五月二十四日与重源一同前往天台山万年寺。次日，以茶供养罗汉，茶汤中幻现罗汉像："二十五日供茶罗汉，瓯中现应真全身。遂渡石桥，忽见青龙二头，于是有所感悟，自知前身梵僧而在万年。"①

罗汉茶供、石桥茶供似乎已经成为典故而广为人知，北宋时已经一再出现天台茶供灵应现花的记载。俞伸《明州慈溪县普济寺罗汉殿记》云："天台赤城，大阿罗汉所家也。石桥危磴之怔险，金雀茶花之显应，着为异事。"②晁补之《龙泉寺修五百阿罗汉洞募缘疏》云："近者淮泗塔中，袖藏远施；天台桥上，茗结余花。不违本心，示常住世；觌面不识，有缘则逢。"③宋神宗熙宁五年，日僧成寻入宋。五月十九日，成寻至天台石桥供养罗汉，他用五百一十六杯茶，分别供养五百罗汉和十六罗汉；同时，手持铃杵，口诵真言供养，结果茶汤中出现八叶莲花纹，得到罗汉应供的灵应：

> 十九日戊戌辰时，参石桥，以茶供养罗汉五百十六杯，以铃杵真言供养，知事僧惊来告："茶八叶莲花文，五百余杯有花文。"知事僧合掌礼拜，小僧寔知，罗汉出现，受大师茶供，现灵瑞也者。即自见如知事告，随喜之泪，与合掌俱下。④

初来乍到的荣西也作茶供，说明天台石桥已经成为罗汉信仰的圣地，茶供是主要的形式。很可能荣西在日本时就已经掌握了相关信息，进入中国寺院后马上学习茶汤礼仪，身体力行，因为茶汤礼仪对于禅僧来说是不得不具备的修养。

也就是说，荣西（也包括重源等其他来中国的日本僧侣）掌握了禅院的茶汤礼仪，但是从直到回国43年后才撰写《吃茶养生记》上看，茶、茶汤礼仪的推广并没有排入他的工作日程。那是什么原因促使他到了晚年不仅撰写了《吃茶养生记》，而且在短时期里还重新修订呢？

荣西回国后的弘法在地方上比较顺利，创建了一系列的禅院。但是，当他计划在首都弘扬禅宗时却受到了比叡山的阻挠，

---

① 荣西《兴禅护国论》，《大正新修大藏经》第80册，《兴禅护国论序》。

② 宋俞伸《明州兹溪县普济寺罗汉殿记》，清杨泰亨《慈溪金石志》卷上，《石刻史料新编》第三辑第8册，新文丰出版公司，1986年。

③ 宋晁补之《鸡肋集》卷七十，四库全书本。

④ 成寻《参天台五台山记》卷一，上海古籍出版社，2009年。

而且是通过天皇，最后以失败告终。当然，这并没有让荣西灰心丧气，他一面继续在地方上建立禅院，一面通过著述等各种方式宣传禅宗，强调禅宗有益于国家的强盛。这时他遇到了新兴的势力——武士。镰仓幕府邀请他去武士的大本营镰仓弘扬佛法，弘扬禅宗。结果不仅在镰仓建立了禅院，而且在梦寐以求的京都建立起自己的禅院，并成为官寺。这一切都是因为有强大的后盾——镰仓幕府、将军、武士阶层。

进入古稀之年的荣西一如既往弘扬佛法，弘扬禅宗，和将军保持密切的联系，获得莫大的信任，也开始得到佛教界普遍的尊敬。这时他展开的新工作就是撰写、修订《吃茶养生记》，而且是针对武士。似乎他觉得在他有生之年很难在普及禅宗上再有大的进展，为了禅宗的持续发展，当务之急是保证坚定的支持者，也就是武士阶层继续支持禅宗。获取武士支持的方便法门就是茶。茶是万病之药，换句话说是最好的东西，荣西要把最好的东西给武士。其实何止茶，荣西要把所有好东西都给武士，于是《吃茶养生记》中的万病之药还包括了桑以及高良姜。也许今天有人指责荣西《吃茶养生记》混乱，但是把最好的东西给自己的支持者的武士是荣西的基本思想，茶只不过是个引子，不是荣西的目的。今天的茶人感激荣西对于茶做出如此高度的评价，有利于茶叶宣传。而科学家用科学思维评价的话，"万病之药"是因为荣西对于茶一知半解而做的不合实际的评价。其实中国在南北朝时也视茶为上品养生药，但是进入唐代，伴随着对茶理解的深入，茶由上品落为中品。荣西选择茶的合理性在禅宗对于茶的充分利用，也就是发达的茶汤礼仪。武士对于茶的理解，对于茶礼的实施，只会使日本佛教更加完整，更像中国佛教，而不会损害佛教。因此，《吃茶养生记》把茶、佛教、健康一体化。

就在他完成修订大约一个月后，获得了一个千载难逢的机会。建保二年（1214）二月三日晚，将军源实朝酒醉。酒精中毒的状况到次日也不见缓解，于是请他信任的荣西大和尚来做加持。这时，荣西献上了"万病之药"的茶以及具体说明其疗效的《吃茶养生记》。茶汤极大地缓解了将军酒精中毒的痛苦，茶饮料的功效得到实际最高统治者的确认和首肯，发挥了最大的广告效应。

三、研究概要

熊仓功夫《对荣西禅师和〈吃茶养生记〉的质疑》通过学术史回顾，指出相关研究中存在的各种问题。

比如在荣西入宋之前约百年里几乎没有留学僧，而之后却异常频繁，这种现象不可思议。荣西如愿以偿入宋，却在半年后匆匆回国，原因何在？无论是从《吃茶养生记》的内容看，还是从当时荣西的宗教立场上考察，都感觉不到禅宗。《禅苑清规》记载了大量茶礼内容，《兴禅护国论》也在四处引用了《禅苑清规》，可是只字未提茶，不知为何没有把茶与禅联系起来。

对于中国的怀疑也很彻底。如《吃茶养生记》所记载的茶叶制法、饮法在中国存在吗？石田雅彦在他的《"茶汤"前史研究》中把草茶作为与团茶相对的概念，视所谓散茶是末茶的原料。但是《品茶要录》中，相对于建茶仅仅作为浙江的茶提到了草茶，可以断定为散茶吗？宋代贩卖末茶没有问题，但是究竟是否从叶茶直接加工得来，或者数量上一般有多少，还不是十分明了。

关于《吃茶养生记》，虽然名为《吃茶养生记》，但是下卷始终都是桑。而且为什么之后尽管茶的饮用快速普及成为国民的嗜好饮料，桑在之后却完全看不到发展。反过来说明《吃茶养生记》的影响非常有限。因此茶是万病之药的评价是荣西独自的主张。中国各医药书几乎一定会记载茶，不过其功效是有限的，而且即便有功效也会同时指出因为数量、饮用方法而变得有害。关于茶对于心脏的功效的认识可能又是荣西的独创。

很可能是荣西提出了"万病之药"和有益于心脏的明快主张，熊仓先生的推测很可能是事实。其实中国也有"万病之药"的认识，即羽化登仙的药、在本草序列中被列为上品，那是在饮茶生活刚刚被中原接受的南北朝，茶刚刚开始进入本草世界的早期，从医学上说是错误，反映了当时的饮茶者对于饮茶生活的狂热追捧，以及对于茶的认识的肤浅（本草中作为新增补的内容被列入草部的茶下）。等到唐代饮茶进一步普及，茶在本草中的地位下降了，在本草中不仅档次下降为中品，而且改列入木部。所以伴随着对于茶的认识的深入、准确，茶作为药品的地位下降了。荣西对于茶的过分评价出于他渴望推广普及饮茶的需要，今天的中国茶人也非常愿意接受这个价值观，使用荣西的总结，不过法律部门却阻止了茶商在公共媒体上如此宣传茶叶。荣西为了普及茶编造了一系列的理由，单单是茶叶觉得还缺乏说服力，于是又拉进桑等，茶叶就是一个饮用方法，用桑的内容增加书的篇幅，增强说服力。这是中日之间茶叶认识水平上的差距。

另外，中国的茶史研究非常薄弱，在日本的引领下虽然发展很快，但是与丰富的内容相比，研究还停留在表层，一些最基本的概念即便在研究热点的宋代也是想当然，煎茶、分茶的定义人云亦云。当然，这里还有一个可能性就是宋人的确没留下记录，因为没人具体记载人所周知的日常琐事。还有一个中国茶文化研究的重要问题是研究主力是茶人，主观性强烈，对于第三者来说缺乏可信性。

荣西 1168 年首次入宋在他的整个生活中具有试探的意义，结果发现了禅宗的存在，回国后确认了传教大师传播禅宗的事实。有感其没落，力图补救，于是有了 1187 年的二次入宋。本来最终目标是想去印度，可是因为战事切断了通往印度的道路，没有得到朝廷的许可。无奈之下，才去天台跟随虚庵怀敞禅师参禅。从荣西 1191 年回国后为在日本建立发展禅宗而奔走，建立了圣福寺等禅院的活动内容上看，他确实倾心于禅宗。但是1194 年在京都建禅院的计划在比叡山旧佛教势力的阻挠下以失败告终，可见在日本发展禅宗是多么的困难。荣西对此有清醒的认识，所以不是一味强调禅宗，而是主张天台、真言、禅宗的三宗兼学。1199 年荣西受镰仓幕府首任将军源赖朝的妻子、也是幕府实际上的领袖北条政子的邀请下镰仓，建立了寿福寺，由此开始切实体验到了武士阶层对于他的事业发展的决定性意义。1202 年，在将军源赖家（北条政子的长子）的援助下，在京都创建建仁寺。

荣西在去世前一年的 1214 年偶然因为将军源实朝（北条政子的次子）苦于二日醉而受命前往做密宗的加持祷告时，点了一碗良药——末茶，同时献上了 1214 年完成的《吃茶养生记》

修订本。以茶在宋朝的繁荣，荣西在中国接触茶是不可避免的；以茶之魅力，荣西因此喜爱茶也毫不奇怪。中村修也先生的着眼点在于荣西为何在这个特定阶段撰写《吃茶养生记》。

荣西的早期著作里即便有饮食、乃至有饮料，引用《禅苑清规》，也没有提及茶。约著于1392年的《栂尾明惠上人传记》中才首次出现了荣西带回茶籽的记载。17世纪以后，荣西传播茶的传说流传开来，但是江户时代的荣西传记里仍然没有记载说荣西撰写《吃茶养生记》的事情。因此，《吃茶养生记》是荣西在取得了一系列的成功之后，终于有了精力上的宽裕，为了健全禅宗、建立茶礼而针对最有力的支持者、以幕府将军为代表的武士撰写的宣传书。

高桥忠彦《〈吃茶养生记〉的语汇与文体》就语汇和文体的特征，推测荣西的创作意图，明确了荣西把武士设定为读者群。

就文体而言，首先应该注意的是《吃茶养生记》由多种文体混合构成。《吃茶养生记》的序文有骈文的意识，但是一眼就可以看出文章不规范，可以说荣西无意撰写晦涩难懂、文学性的序文。上卷《五脏和合门》在介绍《尊胜陀罗尼破地狱仪轨秘抄》的概要的同时，根据五行理论，系统论述了茶的功能等，下卷《遣除鬼魅门》的前半部分关于病症的分析也与此类似，是明快的议论文体，单纯朴素，没有文学取向。这些部分是《吃茶养生记》的核心。荣西对耳闻目睹的记录使得《吃茶养生记》价值倍增，但是书中大量引用了《太平御览》"茗"项的史料，还有《白氏文集》等。荣西对于多数的引用加上了注解，但是句读、解释的错误随处可见。误读曲解源自荣西强调茶健康饮料或者说药用饮料的热情，得意忘形而出错。间接地反映了荣西把没有古典常识的人设定为读者。《吃茶养生记》的下卷介绍了以桑为中心的各种药物处方，简洁准确，用语严密。

语汇的特征首先是日本化的语汇。在日制汉文里，有很多虚词误用，还经常把汉语用于日本的意义。其次是源自佛典的语汇。《吃茶养生记》在整体上受佛典的影响很大，由此也再一次确认了在日本中世汉语语汇的形成中佛典的影响很大。然后是古文书用语·古记录用语。古文书用语·古记录用语基本是用汉字写成的"日制汉文"。《吃茶养生记》本身不是古文书体，但是中古以来发展起来的古文书特有的反复叙述也被大量采用。同时,《吃茶养生记》与古记录(地位显赫人物的正式日记)的语言有很多的共通性。在《吃茶养生记》里可以看到古文书、古记录表现的原因是,对于当时的人来说它们是最容易使用、容易沟通的日常用语。特别是在武士社会,政务上相互协调的阶层中最容易理解。

《吃茶养生记》有初治本和再治本两个系统的版本。承元五年(1211)正月,荣西71岁时撰写的《吃茶养生记》初稿被称为初治本;建保二年(1214)正月,荣西74岁时所完成的修订版被称为再治本。初治本和再治本的差异很大,可以看出荣西经过三年改写的痕迹,最典型的变化是为了追求正确使用汉文而努力减少日本化的表现,不过为了使其议论更有效地提示给读者的"感想语",相反地增加利用易懂的日本语表现。不能无视这些"感想语"在中世记录、文书中特别发达,频繁使用的事实。这些"表现上的功夫",尤其是在记录·文书用语的使用中,可以看出荣西的意图。荣西撰写《吃茶养生记》对于读者群的设定,就是镰仓的御家人(与将军结成主从关系的武士)。

日本茶文化来自中国,在荣西当时的宋代,中国茶文化达到了一个新的高峰,从中国茶文化史上看,可以说末茶文化发展到了极致。沈冬梅站在今天的茶文化立场上,使用了当今茶文化界的概念,认为宋代文人是宋代茶文化最主要的创造者、践行者,是宋代茶文化的精神内涵的体验者、赋予者。在几乎所有茶文化领域,宋代文人都有很大的作为,甚至可以说,正是宋代文人与茶相关的种种作为,拓展了茶文化的领域,丰富了茶文化的内涵,为中华茶文化做出了不可替代的贡献。

福建路转运使及北苑茶官为北苑贡茶高贵与精致化多方努力,使北苑贡茶成为精致与清尚高贵的代表,成为上品茶的极致与无可超越的典范。由蔡襄开创的宋代贡茶日益精致化的进程,最终形成了对鲜叶品质的独特追求以及加工工艺的极工尽料,并且在实践中对于鲜叶嫩度的追求就达到了后人再也没有企及的高度——银线水芽,从原料的角度来看,可谓达到登峰造极无以复加的地步。从此,原料等级成为茶叶品质的第一标准、基础,并且,茶叶原料的等级又决定了以其制成茶叶成品的等级，对于原料鲜叶嫩度的追求成为中国茶业与文化很难撼动的基本原则。

宋代文人为北苑贡茶撰写茶书，使上品茶的观念深入人心，从此经久不衰。除了蔡襄《茶录》、赵佶《大观茶论》、吕惠卿《建安茶用记》、佚名《北苑煎茶法》记录或探讨了建安北苑贡茶的煎点之法外，其余十二部茶书都主要叙述建安茶的生产与制作，间或议论茶叶生产制作的工艺与技术对茶汤最后点试效果的影响。如此众多的茶书专门叙述一个地方的茶叶生产制作与点试技艺，这在中外茶文化史上都是绝无仅有。使得北苑茶扬名天下，以北苑茶为代表的上品茶的观念深入人心，从此经久不衰。

宋代文人为茶著书立说，无形间将茶文化的地位大大提升，茶艺成为全社会所接受的技艺，使茶的文化形象日益提升，茶的文化内涵逐渐明确、界定，使人们对茶的文化性趋向更为普遍的认同。宋代文人所撰著的茶书，为中国茶文化史保存了极具特色的末茶茶艺，他们在茶书及茶艺活动中最重视茶叶的观念一直传延至今，成为中国茶文化的最重要特色之一。

宋代文人是宋代茶文化最主要的实践主体。他们热衷于品饮上品茶或精研于茶艺茶事，在日常生活与社会交往中品饮以北苑贡茶为代表的各类名优茶，以茶会友，以茶消永日。并为之写诗撰文、作书绘画，不遗余力地践行茶艺、茶事与相关文化、宣扬茶文化。

宋代文人使用并推介多种宜于点茶法的器具，精研点茶法，使点茶法成为宋代主导的饮茶方式，促进了茶具的专门化与多样化。宋代末茶点饮技艺，从器、水、火的选择到最终的茶汤效果，都很注重感官体验和艺术审美，在茶文化发展的历史进程中有着独步天下的特点。

宋代文人是宋代茶文化内涵的赋予者与体验者，由于茶叶兼具物质与精神的双重属性，既可以寄情，又可以托以言志，宋代文人以茶喻人，将他们的人生体验与感悟，寄之于茶，为宋代茶文化注入并提升了众多的精神文化内涵。

宋儒讲格物致知，从不同的事物中领悟人生与社会的大道理，宋代文人也从茶叶茶饮中省悟到不少的人生哲理。茶的清俭之性为众多文人作比君子之性，他们常以茶砺志修身，以茶明志讽政。同时他们对茶性的认识也从微小处折射出他们对人生与社会的根本态度。

宋代禅宗、儒学与茶文化结缘日深，宋代禅宗的核心是"直指人心，见性成佛"，与宋儒倡导的"格物致知"内在精髓颇为一致。僧徒们以茶参禅，有心向禅的文人们也以茶悟禅。"禅机""茶理"逐渐相融，茶为宋代文人士夫感情生命抒发情感，提供了深厚的文化背景和重要凭藉。

道教徒努力追求的根本目标就是仙，即长生不死，言道教，也就是在言长生不老。道教认为，得法的修炼，可以成仙。修炼有导引调息、服食丹药等各类方法，而丹尤其重要。唐宋以来，又分为外丹、内丹之法。外丹即丹药，内丹则是以人身为丹鼎，使精运神，炼成内丹。

茶因为有着非凡的功用，很早就与神仙有了关联。最先将这种意象写入诗中的是唐李白《答族侄僧中孚赠玉泉仙人掌茶》，而将这种意象写得出神入化，则是唐卢仝《走笔谢孟谏议寄新茶》。两宋的茶诗人承此，几乎到了言茶即言仙道的地步，而又有更多的诗意的补充。现存4 600余首两宋茶诗词记载了大量的茶道、道教信息，黄杰《茶通仙：两宋茶诗词中所反映的茶道与道教的渊源关系》就以两宋茶诗词为基本史料，探讨了茶道与道教的渊源关系，以及茶道诞生的中华文化背景。

具体而言，有三个方面：①以茶为外丹，即以茶为丹药；②将饮茶比为炼内丹；③将饮茶后的神清意爽，比作飞升游仙。黄杰感叹"茶道与道教的渊源关系可谓深矣。时下人们常言'茶禅一味'，殊不知道教与茶关系更早更深。"其实关剑平在《茶与中国文化》中已经从技术、观念等角度，在论证饮茶的药用起源的同时，指出与道教的密切关系。然而关于道教与茶的研究的确凤毛麟角，似乎与道教研究的热度、与道教信仰的流行程度相表里。就茶的丹药观念来说，复杂的技术与艰深的理论被制茶技术与理化分析取代，简明直白，符合现代人的思维方式，容易接受。仙的境界也被看破，茶人更喜欢说禅的境界。把人们引向佛教的一个重要的机缘就是日本茶道，在诠释茶文化的各种理论中，日本茶道宛如一座灯塔，明确指向佛教，而道教没有现实的产品指引、说服茶人。

与前面形而上的研究相比，关剑平的《宋代分茶以及在东亚的展开》把研究对象具体落在饮茶方法上，在探讨中国原型的基础上进一步展开讨论了其在东亚的变形。在中国茶史研究中，宋代的饮茶法是一个热点问题，中国和日本都出现了不少研究成果，但是由于茶文化史的研究起步不久，即便在像廖宝秀著《宋代吃茶法与茶器之研究》（国立故宫博物院，1996 年）这样的专项研究里，仍然还是存在空白点。关剑平在宣化壁画的研究中首先注意到存在两种不同的饮茶法[①]。一种饮茶法直接在茶碗里点茶并饮用，现代日本抹茶就主要使用这种饮茶法；另一种饮茶法在大型器皿里点茶，然后分舀到茶碗饮用。对于后者，青木正儿先生和中村乔先生名之为分茶，[②]关剑平《以宣化辽墓壁画为中心的分茶研究》[《上海交通大学学报》（社科版）2004 年第 1 期] 继承了他们的观点。在向第三届法门寺茶文化国际学术讨论会提交的论文《〈十八学士图〉与宋代分茶》中针对同样的饮茶法，也是针对绘画史料，再次使用了分茶的概念展开了研究。[③]以上两篇论文都是从形象的绘画史料出发，全面考证茶器甆。本文首先集中考证分茶的标志性茶器，将分茶的研究再推进一步，然后考察它在东亚的传播。

北宋邵雍、南宋程大昌乃至周密都把"大"作为甆的基本特征。茶盏色彩的变化是审美观变化的物质反映，而尺寸的变化则直接影响着饮茶法。先在大型器皿——大汤甆中点茶，然后分舀到茶碗里饮用，也就是《文会图》《十八学士图》《碾茶图》和部分宣化壁画所描绘的饮茶法——分茶。汉代画像砖所描绘的酒宴使用这种方式饮酒。

这种饮茶法不仅在中国——宋和辽、金使用，也传播到了朝鲜半岛。徐竞（1091—1153）《宣和奉使高丽图经》在介绍一

① 参照关剑平《文化传播视野的茶文化研究》，中国农业出版社，2009 年，131－159 页。

② 青木正儿：《中华茶书》，《青木正儿全集》第 8 卷，春秋社，1984 年，199 页。布目潮沨、中村乔编译《中国的茶书》，平凡社，1985 年，218 页。

③ 韩金科主编《第三届法门寺茶文化国际学术讨论会论文集》，陕西人民出版社，2005 年 10 月。

套茶具时记载了两种碗类器皿——金花乌盏和翡色小瓯，不可能都是用于饮茶的杯碗，其间应该有着分工的差异，从器皿的合理性考虑，应该分别是大·小、点·饮的器皿。然而不仅在徐竞看来是不言而喻的事情，在宋代的茶书里也都没有具体说明，这样一来盏与瓯的尺寸区别是唯一分析它们的功能用法的线索。只有《十八学士图》等绘画作品形象地诉说了盏与瓯的区别。

在日本，浓茶极其不正常，其浓度高到了难以想象的程度，茶汤不是液体，而是糊状。当初的传播者在传播宋代饮茶法时因为各种原因出现了错位，只注意到使用茶叶数量的多少而没有注意容器的相应变化。由此延伸出浓茶与薄茶这一对概念与方法。奈良市真言律宗西大寺使用大茶碗的茶会大茶盛也是分茶的误传。如果按照《大观茶论》所记载的方法加工浓茶与大茶盛就会发现，那就是分茶。错位在文化传播中是必然的现象，是接受文化传播的前提，也是改造外来文化的结果，当然有自觉与不自觉的各种原因。

对于中国茶文化是如何在日本传播的问题，关剑平的论文以茶道为中心做了演绎推理，而中村羊一郎《荣西传来的抹茶法的行踪》从荣西导入宋代饮茶法的背景开始，使用民俗学方法全面研究了日本社会各阶层的饮茶法。

日本虽然有被认为是本土茶的山茶，其实这也是从中国引进的茶树，茶树恐怕是随着刀耕火种农法一起进入日本的。平安时代前期积极导入唐代茶，饼茶固然是憧憬的目标，但是陆羽提到的工艺简单的粗茶等也应该引进，而且从之后的史料上看，包括背振山的茶园加工的正是这种茶。荣西导入茶的故事就是建立在这个基础上。

荣西看到宋代饮茶法与它不同，于是撰写《吃茶养生记》，传播新的饮茶法。这种由宋传来的抹茶法，在武士、寺院、贵族间普及，不久就排除像斗茶那样享乐的要素，茶道作为日本的代表性综合艺术发展起来。另外，庶民社会也开始流行这种新的抹茶法。其背景是制茶法与已经作为日常饮料而存在的番茶制法在工艺上基本没有差异，为了点出泡沫的茶筅是简单的洗帚型，可以自己简单制作。

用焙炉精心干燥有历史渊源的茶园的茶，研磨之后用舶来的茶碗饮用是显贵的礼仪。如果研磨制法简单的番茶，融化其粉末，或者用煎煮番茶的汁，用自制的洗帚型茶筅搅拌，一般的农民也可以体验最新流行的抹茶法。这就是庶民社会普及的振茶。

使用番茶成为通过饮食关系密切的女性享受振茶的契机，振茶成为女性的茶会不可或缺的东西。尤其是用桶点茶分盛，共享快乐的桶茶从集团性出发，成为大家一面饮茶，一面聊天的机会。所谓大茶就是指这种以振茶为中心的女性的聚会。但是，大茶本来可能是指为了款待寺院大众一次点大量的茶。西大寺的大茶盛现在被视为比较珍奇的风俗，其实也许可以把它视为本来是用桶点茶再分盛，大规模招待的寺院活动。它是体现茶的集体性的东西，在庶民社会成为通过饮食加深了与茶的关联的女性们的大茶。

这种作为团体性快乐的振茶（大茶）在个人吃茶时也使用，继承一直以来的番茶饮用传统，普遍加盐。但是随着蒸青煎茶和茶壶开始普及，振茶给人落后于时代的老人爱好的印象。与高级煎茶无缘的庶民虽然继续饮用番茶，但是振茶这种麻烦事与时代趋势不吻合，逐渐被遗忘，在市民看来是残存在边远地区的古老习俗。

总之，以荣西回国为契机进入日本的宋代吃茶法在之后通过如圆尔等留学僧进一步在寺院显贵之间普及开来，同时作为最新流行的吃茶法也被民间广泛接受。就是说宋式抹茶法虽然由于接受发展的社会阶层不同而在日本出现了"茶道"和"振茶"迥异的形式，但"本是同根生"。一个成为男性社交不可或缺的艺术，另一个成为女性聚会的代名词。明治以后，茶道作为女性的嗜好在女性社会普及，当然在很大程度上与茶道家的努力推广密不可分，其实女性与茶本来就有联系，与其说茶道的世界为女性所有，不如说女性与茶的关系通过女性聚会的形式复活了。

姚国坤《荣西赴天台的经纬及茶关联事迹》梳理了与荣西直接、间接相关的人与事，对于荣西的历史舞台做了现代的考察，通过照片资料拉近了历史与现实的距离。程启坤《〈吃茶养生记〉要点述评》诠释了《吃茶养生记》茶的相关内容。

　　荣西及其《吃茶养生记》在日本茶文化史上具有非常重要的意义，拥有比较丰富的研究成果。但是荣西带回茶树和宋代饮茶方法的历史叙述恐怕有简单化的问题，目的是凸显荣西的作用，使得叙述线索更加明确，而真实的历史事实并非这么简单，考虑中日茶文化交流史时必须对此有清醒的认识。这组论文在继承前人研究成果的基础上，进一步明确了荣西撰写《吃茶养生记》的目的所在、《吃茶养生记》的读者对象的设定以及《吃茶养生记》所带来的抹茶法在日本社会的流变，对于《吃茶养生记》所导入的茶文化的背景——宋代茶文化的研究也在文人的作用、道教的意义和饮茶方法上取得了一些进展。总体说来，视野广阔，俯瞰中日，纵观古今，客观、具体是这组论文的主要特色。这个研究也对于《吃茶养生记》和其背景的宋代茶文化的深入研究提出了方向性意见。中村羊一郎和关剑平从不同角度论述了西大寺的大茶盛，进一步的讨论、研究也许会在中日古今饮茶方法的认识上产生突破性成果。而且，中村羊一郎的振茶研究对于今天认识所谓的"宋代点茶"极具启发性，而茶汤中盐的使用也值得进一步研究。

目　录

一、荣西《吃茶养生记》研究

　　熊仓功夫（kumakura isao） 现任国立民族学博物馆名誉教授（2004年—）、和食文化国民会议议长（2014年—）、MIHO MUSEUM 馆长（2016年—）、茶乡博物馆馆长（2018年—）。历任京都大学助教（1971—1978年）、筑波大学助教授·教授（1978—1992年）、国立民族学博物馆教授（1992—2004年）、林原美术馆馆长（2004—2009年）、静冈文化艺术大学校长（2010—2017年）、日本饮食文化世界无形文化遗产登录检讨会会长（2011—2014年）。主要著作《近代茶道史研究》（日本放送协会1978年）、《茶汤的历史——到千利休》（朝日新闻社1990年）、《日本料理文化史——以怀石为中心》（人文书院2002年）、《现代语译南方录》（中央公论社2009年）等。

对荣西禅师和《吃茶养生记》的质疑

[日] 熊仓功夫

一、荣西禅师的一生

荣西禅师于保延七年（1141）出生于备中国（现在的冈山县）吉备津神社社家贺阳家。幼名千寿丸。父亲在三井寺，精通佛教学，据说千寿丸8岁的时候就跟父亲读具舍颂等。

从11岁开始走上僧侣的道路，入备中国安养寺师事静心，13岁（仁平三年，1153）登比叡山，翌年受戒号荣西。十几岁的荣西学习非常刻苦，静心去世后跟随师兄千命、继而跟随延历寺的有弁学习寺门流的台密教，接受了《虚空藏求闻持法》的传授，迅速积累了作为学问僧的修行。还在伯耆国（现在的岛根县）大仙从习禅房基好听讲台密奥义。

但是，荣西的求道之心并未因此而得到满足。不满于当时睿山的堕落，荣西把目光投向了天台教发祥地的中国，准备留学。荣西27岁（仁安二年，1167）时，为了入宋而赴出发地的九州。过去在奈良时代派遣遣唐使，同时大量僧侣去中国，带回日本大量的文物、情报，10世纪废止遣唐使以后，入唐僧侣不过数人。在荣西、重源去中国之前的约百年间，没有僧侣入宋。这使得荣西以后频繁的日中交流有些不可思议。

荣西于翌年终于实现了去中国的愿望。由于航海技术还不成熟，这是难以预料什么时候遭遇海难的危险旅途。但是万事如意，出发后大约20天到达明州（现在的宁波）。在那里，遇到了之后把南宋建筑技术输入日本的俊乘坊重源，一起登上了天台山。尽管实现了多年的愿望，不知为何，荣西却在大约半年后匆忙回到日本。有的研究者认为是因为对于密教的向往日益强烈，有些不可思议。

回日本之后，开始思考天台宗里的禅，在备前、备中的寺院里度过了

6 年。最终重新制定了入宋的计划。这次是从中国去印度的计划。第一次入宋已经花费了大量的费用，这次的计划要到印度，无疑需要更多的资金。35 岁时住在九州今津的誓愿寺勤奋著述可能是因为有力的支助者筹措了资金。期间有 12 年。47 岁的时候（文治三年，1187），入宋那一天终于到了。航海很顺利，仅仅一周之后就站在了中国的土地上。

尽管开始了去印度的交涉，但是因为中亚的道路太危险，没有得到许可。想先回国再说，又受阻于恶劣的天气，于是决定在中国彻底研究禅学。再一次登上天台山跟随虚庵怀敞学禅。一待就是 4 年。51 岁时得到印可回国。因为第二次前后 5 年在中国的修行，留下了把临济宗带回日本的日本佛教史上划时代的业绩。当时已经算高龄的 51 岁时的行动力是其他追随者无法比拟的。回国后荣西的行动实在是精力充沛。

回国后的荣西首先以九州为基地建立寺院。在筑前创建报恩寺，在筑后建立千光寺，福冈建立圣福寺，设立了日本最初的禅窟。被以戒律为第一的荣西的态度所吸引的人恐怕很多。嫉妒其禅风的佛教势力与树立达摩宗的能忍一起禁止他的宗教活动，这时撰写了《兴禅护国论》。作为代表作的这部书是荣西的关心最强烈地倾注于禅的时代的著作。但是看一下其内容可以发现，不是排除禅以外的其他学问的东西，在显示了对于禅的强烈自信的同时，立足于禅及其基础的戒律，真正的意图是试图改革天台宗本身。荣西终生不仅是禅僧，还作为具有莫大权威的密教僧展开加持祈祷等宗教活动。

厚待荣西的是镰仓幕府。得到北条政子的信赖，担任源赖朝周年忌的导师，成为寿福寺的开山。在幕府的支持下，寿福寺建立的第二年建仁二年（1202），在京都建立了建仁寺，往来于镰仓和京都之间，同时又被委托担任再建东大寺的劝进职、法进寺的再建等工作，超越了普通禅僧的活动范围。晚年的荣西的事迹中几乎看不到专心于禅宗的行动。

荣西 71 岁时完成了《吃茶养生记》的初治本，74 岁时撰写了修订版（再治本）。这年（建保二年，1214）向将军源实朝献茶，呈上"誉茶德之书"一卷。翌年的建保三年七月五日，75 岁的荣西入寂。

二、《吃茶养生记》的内容

至今仍然不时被批评《吃茶养生记》的书名与内容不相符。上卷中记述了茶，下卷除了一条"吃茶法"都是记述桑的功效，与"吃茶"的名称确实不相称。古田绍钦提出了出现在《吾妻镜》中的"誉茶德之书"一卷是《吃茶养生记》以外的东西，记载了茶与禅的假说。因为无论是卷数还是内容都与现在的《吃茶养生记》有很多差异。

《吾妻镜》建保二年二月四日条下有如下记载：

> 四日己亥，晴。将军家聊御病恼，诸人奔走，但无殊御事。是若去夜御渊醉余气欤，爰叶上僧正候御加持之处。闻此事，称良药，自本寺召进茶一盏，而相副一卷书，令献之，所誉茶德之书也。将军家及御感悦云云。去日坐禅余暇抄出。

应该说得到了宣传茶是将军都认可的良药的良机。在这里值得注意的是作为二日醉疗法的密教加持祈祷诉求，为此而邀请荣西。荣西作为能力卓越的密教高僧受到幕府的欢迎。这点从《吃茶养生记》的立场上也有充分的体现。

《吃茶养生记》由"五脏和合门"和"遣除鬼魅门"的两门构成，其根据是《尊胜陀罗尼破地狱仪轨秘钞》和《大元师大将仪轨秘抄》这两部密教经典。根据森鹿三的研究，这两部秘抄现在都找不到了，成为其原典的经典收录在《新修大正大藏经》中。荣西以这两部秘抄为依据，在上卷阐述茶是如何强化五脏的中心的心脏预防所有疾病。下卷中例举了末世的五种病相，因为这是由鬼魅引起的，桑对于防止最有效。都是根据密教经典，这里加入了中国道教的五行说（印度·中国思想的融合），解释茶与桑的功效。就是说无论是从《吃茶养生记》的内容，还是从当时荣西的宗教立场，都感觉不到禅宗的方面，只让人知道荣西的密教立场。

本来荣西应该是在中国修行中，因禅的仪式里不时使用而逐渐了解茶。《兴禅护国论》中，约束当时禅僧生活的清规《禅苑清规》出现在四处，而只字未提茶。唯一出现的是在荣西回国时，怀敞在作为饯别赠给荣西的文章中，提到荣西过去登天台山时"至石桥，拈香煎茶，敬礼住世五百大阿罗汉"。

比荣西稍晚入宋的道元制作了日本最初的清规《永平清规》。其中虽然只有一处还是写了特为茶："不得欠新到茶汤特为礼。"（《日本国越前永平寺知事清规》）荣西应该比谁都重视戒律，却不知为何没有把茶与禅联系起来。作为茶禅结合原典的《吃茶养生记》如此处理是个很大的疑问。《吃茶养生记》为谁、什么目的的撰写？过去石田雅彦认为目的是为了在日本忠实再现在中国举行禅的礼仪必需茶。本书所收高桥论文的结论富有启发性。如果以镰仓的御家人阶层为对象，结果是吸引武士阶层进入禅宗的方便法门。中村修也论文中所说发挥了"茶礼的准备"的作用非常一致。本书中提出了各种假说。

日本的禅宗清规直接模仿中国，对于禅宗茶礼也有一定的吸收，但是远远达不到中国的水平。可以想象的原因，第一，日本社会没有饮茶习俗，对于饮

5

茶的相关支持完全缺如，别忘了日本的陶瓷业17世纪才正式开始。第二，茶礼是中国人建立起来的佛教文化，基础是中国的礼文化，日本佛教来源于中国，自然要吸收茶礼，但是没有文化基础，所以没有很高的要求，日本和尚制定清规时有一两条作为标志也就够了，中国和尚制定清规也一样，无奈。荣西在中国时似乎参与了茶礼，并且为其感动，很可能有吸收茶礼的愿望。但是，日本连接受禅宗都有困难，荣西也无力在茶礼上花费更多精力。因此他回国后专注于普及禅宗，专注于禅院建设，没有也不可能在"支流末节"的禅宗茶礼建设上投入精力，甚至在理所应该涉及茶礼的著述中也没有提及茶礼。可是到了晚年，荣西不仅撰写了《吃茶养生记》，而且还对于初稿做了大量的修订，可见他对于《吃茶养生记》多么重视。是什么原因促使荣西关注茶？

看一下荣西第二次赴宋回国后的主要经历吧。荣西的著作《出家大纲》著于回国后的建久二年（1191），《兴禅护国论》著于1198年，建久二年八月在肥前国高来郡建宝月山福慧寺，在日向国白发岳建拘留孙寺，1192年正月在筑前国建建久报恩寺，1193年于筑后国建千光寺。

1194年在京都建禅院的计划在比叡山旧佛教势力的阻挠下以失败告终，可见在日本发展禅宗是多么的困难。荣西对此有清醒的认识，所以不是一味强调禅宗，而是主张天台、真言、禅宗的三宗兼学。

在有建久八年（1197）八月二十三日日期的《未来记》里，荣西预言禅宗的兴盛在自己死后五十年。有在日本推广禅宗"除予谁欤"、他人无法取代自己的自负，自己不死就无法迎来禅宗的全盛期，这也是切实感受到禅宗传教困难程度的预言。

建久九年（1198）撰《兴禅护国论》，1199年荣西受镰仓幕府首任将军源赖朝的妻子、也是幕府实际上的领袖北条政子的邀请下镰仓，建立了寿福寺。

正治二年（1200）再著《出家大纲》。但是，其实《出家大纲》在回国两年前的文治五年（1189）就起草了，充满热情，比《兴禅护国论》表现直率。

1202年，在将军源赖家（北条政子的长子）的援助下，在京都创建建仁寺。

1203年，建仁寺显、密、禅三宗并置。

1204年，建造建仁寺僧堂，著《斋戒劝进文》《日本佛法中兴愿文》。

1205年，建仁寺成为幕府特别保护的官寺。

1206年，授将军重源菩萨戒。

1207年，赠明惠上人茶种。

1209年，被任命再建京都法胜寺九重塔。

1211 年，著《吃茶养生记》（初治本）。

1213 年，任权僧正。

1214 年，《吃茶养生记》再治本完成。荣西经历了挫折，但是现在春风得意，切实体验到了武士阶层对于他的事业发展的决定性意义。由此以武士为读者撰写《吃茶养生记》，在为武士提供方便法门的同时，也健全了禅宗礼仪。

三、抹茶的起源

《吃茶养生记》下卷基本上都是论述桑的功效，只有一处出现了茶。看其前后，都是如何服用桑、高良姜、五香煎等的相关处方。只有茶使用了吃这个字，不同于服是因为没有"服茶"的说法。就是说记载了养生仙药的摄取法。看一下这里的吃茶法，"一文钱大匙二三匙"，"其量多少随意"，可见是抹茶。其实上卷记载茶的采摘、加工方法的地方没有说磨成粉末，作为例子在下卷桑叶的服法中说"末如茶法？"才终于明确是抹茶。联系前面茶的加工方法思考，可以推断与现在日本使用的抹茶基本一样的工序制造，同样的方法饮用（看不到用茶筅搅拌）。

那么《吃茶养生记》所记载的制法、饮法在中国存在吗？适当补充荣西所说的内容归纳如下。早上采茶马上蒸，马上焙。用焙棚适当焙火装入瓶中，用竹叶盖严保存。饮用时（以下饮法补充了书中没有的地方）取出茶叶用石磨磨成粉末。把它用匙放入茶碗，注入开水搅拌饮用。

就像高桥忠彦指出的那样，没有中国茶书这样记载。中国宋代的茶书是高级蜡茶的解说，很少关于散茶的记载，至于末茶完全没有。

对此，石田雅彦在他的《"茶汤"前史研究》中仔细阅读宋代茶法史料，例举了几条末茶（抹茶是日本用词，中国是末茶）史料（以下同书 112～114页）。首先 1084 年的史料"不许在京卖茶入户等擅磨末茶出卖"，可见制造大量的末茶。其次，1134 年的史料里"建州管下，自来磨户变磨末茶，成袋出卖。多有客贩往淮南、通、泰州。"1106 年的史料说要"收卖起发草茶，共八百万斤，变磨出卖"，可是民间的商人不响应，买客也很少，计划失败。石田把这里的草茶作为与团茶相对的概念，视所谓散茶是末茶的原料。但是《品茶要录》中，相对于建茶仅仅作为浙江的茶提到了草茶，可以断定为散茶吗？总有些不安。关于流通与价格，石田例举末茶的史料：

池州　二八文　江东·江府供般

台州　三六文　江西·秀州供般（末等）

饶州　四一文　江东·江宁府供般

潭州　六〇文　江东·江宁府供般

平均四十二文二分，决不是高价的茶，是庶民的茶（同书 166 页）。

根据这些研究，宋代贩卖末茶没有问题，但是究竟是否从叶茶直接加工，或者数量上一般有多少，还不是十分明了。

就是说荣西《吃茶养生记》中记载的成为日本茶的传统的抹茶法究竟在宋代的茶文化中占有什么样的地位，荣西在哪里学到的，作为应该继续探讨的课题遗留下来。

四、作为养生书的《吃茶养生记》

岩间真知子在她的《茶的医药史——中国与日本》中，明确了茶在中国的医药书中是如何被对待的。根据她的研究，茶是万病之药的评价中国没有，是荣西独自的主张。各医药书几乎一定会记载茶，其功效是有限的，而且即便有功效也会同时指出因为数量、饮用方法而变得有害。关于茶对于心脏的功效的出处也没有找到，可能这又是荣西的独创。无论是在中国的养生书系谱中，还是在日本，《吃茶养生记》都是非常特别的书籍。

前人指出虽然名为《吃茶养生记》，下卷始终都是桑的问题。而且为什么之后尽管茶的饮用快速普及成为国民的嗜好饮料，桑在之后却完全看不到发展。

与茶一起作为对万病都有疗效的仙药推荐的桑之后基本上不再被摄取，被遗忘的事实上相反可以看出《吃茶养生记》的影响是有限的。《吃茶养生记》提到的例子是在中世的日本决不多。其刊行也要等到江户时代中期的元禄七年（1694）柳枝轩版。江户时代在其后安永七年（1778）出版之后才普及。作为手抄本流传的东西也不多。就是说《吃茶养生记》是从中世到近世初并没被广泛阅读。如此说来，对于吃茶的普及，与《吃茶养生记》的作用相比，第一茶自身有其普及的理由，帮助它的明惠等其周边的人们的作用制造了荣西传说是第二个理由。

茶中含有咖啡因，饮茶的话能马上感受到其功效，相比之下，桑中没有带来精神性影响的成分。桑本来就不可能成为嗜好饮料，是拥有纯粹药用效果的植物。因此桑被遗忘，茶离开药用效果作为拥有精神性的饮料普及开来。这点与《吃茶养生记》所期待的万病仙药的意义被遗忘相一致。之后茶汤的书籍中很少记载药用效果。

《吃茶养生记》再一次受到关注是日本走向近代时的事情。近代是"养生"（用今天的话来说健康）在民众层面受到广泛关心的时代。茶作为有益于健康的饮料受到关注是在1960年以后。对于茶中含有的茶多酚机能的研究取得进展，就好像证明了对于万病有效，八百年前的荣西的主张被科学证明了。在这个意义上荣西作为日本临济宗的祖师得到重新评价，《吃茶养生记》与在日本树立茶文化的意义也得到最高评价都是近代的事。

参考文献

布目潮沨·中村乔，1976.中国的茶书.东京：平凡社.

多贺宗隼，1965.荣西.东京：吉川弘文馆.

高桥忠彦，1994.《吃茶养生记》在中国茶史上的意义.东京学艺大学纪要，第二部门人文科学第45集.

古田绍钦，1977.荣西.东京：讲谈社.

今枝爱真，1970.中世禅宗史研究.东京：东京大学出版社.

柳田圣山，1972.中世禅家的思想.东京：岩波书店.

森鹿三，1958.吃茶养生记.京都：淡交社.

石田雅彦，2003."茶汤"前史研究.东京：雄山阁.

岩间真知子，2009.茶的医药史——中国与日本.京都：思文阁出版.

　　中村修也（nakamura yuuya） 1959 年生于和歌山县。筑波大学历史·人类学科文学博士。1989 年京都市历史资料馆任职，1994 年文教大学教育学部助教授，2002 年任教授。主攻日本古代史和茶道文化史，主要著作有《平安京的生活与行政》（山川出版社）、《今昔物语集的人们·平安京篇》（思文阁出版社）、《女帝推古与圣德太子》（光文社新书）、《伪造的大化改新》（讲谈社现代新书）、《真实的白江村》（吉川弘文馆）、《天智朝与东亚》（ＮＨＫ出版社）、《战国茶汤俱乐部》（大修馆书店）、《利休切腹》（洋泉社）等。

　　2015 年出版的《利休切腹》是在茶文化研究中比较少见的史学著作。这个话题在日本茶道界又备受关注。关于千利休在天正十九年（1591）正月十三日剖腹自杀没有明确的史料，但是凭借捕风捉影的传说还是建立起这个悲剧色彩浓郁的常识。传说一是千利休大德寺山门木像事件，传说二是拒绝把女儿给丰臣秀吉做妾，传说三是高价倒卖茶道具。各章分别论述了千家史料里没有千利休剖腹自杀的史料；而本来就有二层的山门，何况两年以后再提木像之事也不合逻辑；史料表明直到天正十九年处，丰臣秀吉与千利休保持着密切的关系；这段时间正值奥羽动乱，没有二人内讧的环境条件；如果有问题也应该是缘于派系斗争；而这么大的事件却没有留下任何史料；可靠史料只是说有问题，可是却演绎出剖腹；细川三斋的史料只是说要剖腹，而他应该救出千利休；所谓遗偈无法证明千利休切腹，有五幅流传至今。

《吃茶养生记》的撰写目的

一、荣西与《吃茶养生记》

荣西把茶与临济宗带回日本是至今为止的定说。对此，拙论《荣西以前的茶》①虽然限定在荣西入宋以前的范围，在一定程度上判明了平安时代日本人的饮茶状况。

举一些荣西回国以前茶的例子，《时范记》永长元年（1096）三月二十六日：

> 廿六日丙辰，……次参内。今日有引茶事，依御物忌不升殿，仍不见御前仪。但南殿仪下官行之，杂色、所众等引之，左右相分可引之也。而所参之杂色、所众四人也，依人数不足，先引左方之后，右方引之，顷之退出，入夜归参宿侍。

这是荣西第二次入宋回国的建久二年（1191）之前95年的记载。根据这个记载，三月二十六日有"引茶"的活动。记录者平时范因为斋戒而无法参加在天皇前举行的活动。但是在南殿举行的"引茶"不必上殿，因此得以参加。根据他的所见，藏人所的杂色、所众分左右引茶。杂色、所众有四人。因为人数不够，左侧一列先引茶，之后右侧。大致情况是对左右列席的参加者从左侧开始注茶款待。

再举一个例子，《山槐记》仁平二年（1152）八月二十二日条中：

> 廿一日癸未，天晴，午刻参内，春（季）御读经始也。
> 廿二日甲申，天晴，时时雨降。参内，引茶役四位显成朝臣、五位伊长、藏人宪定、非藏人家辅持土器、土瓶等，临刻限，茶不候之

---

① 中村修也《荣西以前的茶》，谷端昭夫编《茶道学大系》第二卷，淡交社，1999年。

由，行事小舍人为恐申上之，不足言。参内之后，责出引茶了，不可说事也。如然事非大事，行事藏人、出纳及小舍人可存事欤。南殿引茶、杂色源盛赖云云，晚头退出了。

这是荣西回国前 39 年的记载。八月二十一日开始举行被称为季御读经的佛教活动，翌日举行"引茶"。还是在南殿举行"引茶"，杂色准备。

根据这些古代文献可知，在荣西带回茶之前，平安贵族之间在佛教活动中，通过"引茶"活动饮茶。但是，即便在今天，还是把开始普及茶的荣誉归于荣西。例如在《角川茶道大事典》"荣西"条目记载："从宋传播茶，向源实朝献《吃茶养生记》，论述其医药效果。"

就是说荣西对于茶的贡献不仅是从宋朝带回了茶，还有撰写了记载茶的效用的书籍《吃茶养生记》等两点。于是，尽管前者是传说，后者是记载在史书《吾妻镜》中无可置疑的史实，其抄本流传至今的事实成为支持荣西 = 茶祖说的重要因素（图 1）。

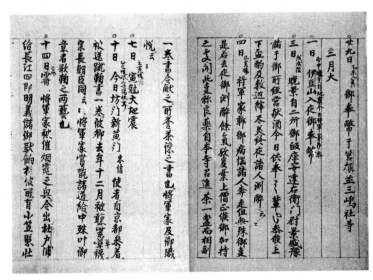

图 1 《吾妻镜》卷 22 国立公文书馆藏

这个《吾妻镜》记载在建保二年（1214）二月己亥条：

四日己亥，晴。将军家聊御病脑，诸人奔走，但无殊御事。是若去夜御渊醉余气欤，爰叶上僧正候御加持之处。闻此事，称良药，自本寺召进茶一盏，而相副一卷书，令献之。所誉茶德之书也。将军家及御感悦云云。

其大意是，这天将军实朝有些不舒服。是不是生病了？大家手忙脚乱。这并不是什么重病，估计是因为昨晚烂醉。于是命叶上僧正荣西来加持祈祷，这时荣西让他喝了一碗被称为良药的茶，同日献上一卷记载茶的效用的书。这是《吃茶养生记》的修订稿①。

《吃茶养生记》是与中国陆羽《茶经》匹敌的存在，稳居日本最古老茶书的地位。《吃茶养生记》确实是日本代表性茶书，内容也很丰富，最为古老。

问题是荣西撰写《吃茶养生记》的动机何在。

陆羽基于在唐代推广最正确的饮茶方式的明确意图而撰写了《茶经》。那么，荣西也是以同样的意图撰写《吃茶养生记》吗？

荣西卒于建保三年（1215）六月五日，享年75岁。向将军实朝呈献《吃茶养生记》第二稿是在建保二年（1214）。也就是说在去世的前一年《吃茶养生记》才终于问世。初稿本完成于承元五年（1211），在他去世前四年，没有很大区别。

与荣西的著作《出家大纲》著于回国后的建久二年（1191），《兴禅护国论》著于1198年相比，可见《吃茶养生记》的执笔有多么晚。前两部书强调了荣西如何因禅宗而觉醒，对于日本来说禅宗有多么重要。荣西为了最希望普及的临济禅，充满了强烈的创作热情。

如果对于荣西来说"吃茶"是应该普及的重要文化，那就应该在更早的时期执笔、问世。看一下呈献第二稿的时机，如果实朝健康，没有苦于二日醉，说不定《吃茶养生记》就埋没在荣西的书房里。必须思考这种危险时刻问世的意义。

但是，即便《吃茶养生记》是偶然问世了，确实对于之后的镰仓武士的生活文化产生了影响吗？感觉所谓的影响力使得《吃茶养生记》的存在感独占鳌头，对于荣西的创作意图也有评价过高的危险。

二、荣西入宋

在探讨荣西回国后的饮茶普及活动之前，首先探讨荣西入宋时究竟与饮茶发生了多少关系。荣西传记的代表作是《元亨释书》二卷，著于元亨二年（1322），本文使用庆长元年（1596）抄录的国立公文书馆本。

---

① 多贺宗准《人物丛书 荣西》，吉川弘文馆，1965年，178页。

建仁寺荣西：释荣西号明庵，备之中州吉备津宫人也。其先贺阳氏，萨州刺史贞政曾孙也。母田氏，怀孕八月诞，母无困恼。永治元年四月二十日，明星出时也。

仁安三年夏四月，乘商船泛瀛海，着宋国明州界，乃孝宗乾道四年也。五月发四明，赴丹丘，适与本国重源遇，相伴登台岭。秋九月共源理归楫。以所得《天台新章疏》三十余部六十卷呈座主明云，……文治之元（1185）。

文首关于出生的奇谈是名僧必有的东西，不是荣西特别的记载。不过是生于永治元年（1141）四月二十日而已。

荣西第一次入宋是在仁安三年（1168）四月，28岁。因为是乘"商船"入宋，无疑得到了博多商人的协助①。这时遇到了同乡重源。因为《元亨释书》说"相伴登台岭"，好像二人关系融洽地登上了五台山，荣西意气风发。在《兴禅护国论》的《未来记》里：

其佛海禅师无生见谛人也，能识知未来事。今既荣西到彼传而来，其身虽不肖，其事既相当，除予谁哉？好人不越海，愚人到何要？那智人察矣。

荣西认为佛海禅师预言的"东海上人"就是自己。除了自己还有谁会渡海求禅？即便有谁来，如果是"愚人"也是于事无补。按照荣西的说法，访宋、在日本推广禅宗的僧侣是"愚人"，其中包括重源。虽然没有指名道姓，无疑是意识到重源的发言，可以窥见荣西大胆的一面。

荣西究竟为何入宋？《元亨释书》说：

平氏凋极，侍郎寻亦卒，遂以三年夏重入宋域。……初戊子（仁安三年）之行明州，广慧寺之知宾者问曰："子国有禅乎？"对曰："我邦台教始祖传教大师归传三宗而皈，方今台密正炽，禅灭者久矣，西承乏之者也。恨祖意之不全矣，故航海来，欲补禅门之缺。"

说是自最澄传三宗以来，禅宗逐渐消亡，自己为了补救而入宋。可是难以相信。

《兴禅护国论》中说：

予日本仁安三年戊子春有渡海之志，到镇西博多津。二月，遇两朝通事李德昭，闻传言："有禅宗弘宋朝云云"。四月，渡海到大宋明

① 古田绍钦《荣西 吃茶养生记》，讲谈社学术文库，1982年，116-117页。

州。初见广慧寺知客禅师问曰……

荣西在到博多之前似乎还不知道禅宗在宋朝兴盛。因此多贺宗顺指出："这说明当时的目的并不针对禅宗。"①

仅仅由此就下结论显得有些草率，不过再继续看《兴禅护国论》的记载或许可以首肯。

> 时宋乾道四年戊子岁也，即及秋归朝。而看安然教时诤论，知九宗名字，又伺智证教相同异，知山门相承巨细，又次见传教大师佛法相承谱，知我山有禀承。

即第一次入宋回国，再查阅国内佛典，确认了传教大师以来禅宗的存在。

至少第一次入宋不是为了学习禅宗，而是去寻找应该从宋带回什么。于是知道了禅宗的存在，回国以后确认了它确实稀少，于是才有了第二次入宋。

《兴禅护国论》记载了第二次入宋的情况：

> 即登天台山，憩万年禅寺。投堂头和尚敞禅师为师，参禅问道。颇传临济宗风，诵四分戒，诵菩萨戒已毕。

荣西打消了去印度的念头后，登天台山，在万年寺跟虚庵怀敞禅师参禅，这才开始真正的参禅。

《元亨释书》对于这时的状况，与荣西献茶体验一起做了详细的记载：

> 绍熙二年秋，辞庵，庵付僧伽梨书曰：日本国千光院大法师，宿有灵骨，……乾道戊子游天台，见山川胜妙，生大喜欢。至石桥，焚香煎茶，礼佳世五百大罗汉。

> 敞语曰：菩萨戒禅门一大事也。汝航海来问禅于我，因而付之及应器、坐具、宝瓶、柱杖、白拂，其图迦文已下二十八祖达磨以来至虚庵，嫡嫡相承，不活横枝。

绍熙二年（1191）秋，结束了在虚庵禅师门下的修业。在庵的付僧的记录里，第一次入宋时，荣西登天台山，诣石桥，向五百罗汉献茶。但是，在记载第一次入宋的地方没有提到献茶，必须思考记载在这里的原因。多贺宗准直白地解释为第一次入宋时，与重源一起登天台山，入万年寺，渡石桥，"向罗汉供茶致供养"。但是，在第一次入宋时的记载里，只有简单的"相伴登台岭"，献茶恐怕是第二次入宋时向虚庵禅师学禅宗后举行的。如此看来，献茶是与禅宗修行密不可分的活动。

荣西向日本运送菩提树引人注目。根据《元亨释书》：

---

① 多贺宗准《人物丛书 荣西》，吉川弘文馆，1965年，35页。

大慈寺智者塔院及天童山千佛宝阁，建久三年，于香椎宫侧构建久报恩寺。……六年，创圣福寺于筑之博多。此春，分天台山菩提树栽东大寺。初（荣）西在台岭，取道邃法师所栽菩提树枝付商船，种筑紫香椎神祠。建久元年也，西以谓：吾邦未有此树，先移一枝于本土，以验我传法中兴之效。若树枯槁，吾道不作。盖菩提树者如来成道之灵木也。

建久元年（1190）剪取道邃法师所植菩提树枝，种在香椎宫。在这里，荣西甚至称"菩提树者如来成道之灵木"。荣西运送菩提树到日本之事也得到后世的渲染。比如林罗山编《禅林僧传》说：

初，师在天台，取道邃法师所栽菩提树枝付商舶，谓吾邦无此树，先移一枝栽本土，验我传法中兴之效。至今繁茂。

《东大寺造立供养记》中也说：

其后，琅琊道邃和尚传此，以种天台山。日本荣西上人往天台山，住万年寺，经五个年，以种归当寺。归朝时，得彼之树蘖，种香椎宫（建久元年也），传彼之树。

可见后世也注意到菩提树的传来。释迦牟尼佛在菩提树下开悟，对于佛教来说其重要性毋庸多言。也许对于荣西来说，既然不能去印度，把释迦牟尼象征性存在的菩提树带回日本，或许在一定程度上可以代替印度之行。

三、茶的请来

但是，不存在荣西向日本移送茶树的记载。在与荣西有关的《延宝传灯录》《正法眼藏随闻记》《杂谈集》《空华日工集》《出家大纲》《灵松一枝》《法观杂记》《本朝高增传》《扶桑禅林僧宝传》《永平广录》《幻云疏稿》《东海一沤集》《显令和尚住东山建仁禅寺语录》等僧传记录里都没有荣西请来茶的记载。

那么，荣西从宋带回茶（树）的传说从哪里产生的呢（图2）？打开最早的史料《栂尾明惠上人传记》（约著于明德三年，1392）可以看到荣西带茶籽回来的记载：

建仁寺长老进茶，向医师问给是，茶有遣困、快消食气之德。然本朝普由申，寻其实初植两三本。诚有醒眠、遣气之德，众僧服，或人传语云：建仁寺僧正御房进自大唐国持渡给茶子云云。

然后，惠命院宣守著《海人藻芥》（应永二七年，1420）也说：

茶自上古我朝有，叶上僧正入唐之时，茶种重被渡，栂尾明惠上人玩之明再渡。

其中记载了荣西入宋时带回了茶种。《海人藻芥》指出日本上古以来就存在茶，将荣西带回茶定位为再一次的"重"。就是说在14—15世纪时，已经有了荣西从宋带回茶或者再次带回茶的说法。到了江户时代，荣西带回茶就基本成了定说。

1.《千光祖师年谱》（17—19世纪成书）

顺德帝建历元年辛未，师七十一岁，春正月撰《吃茶养生记》（割注略）初东归时，携茶种来，植筑前州背振山。后与其种于明惠上人，植之栂尾。

2.《本寺开山千光祖师碑铭》

按筑后州千光禅寺记祖师仁安三年戊子夏入宋域，秋乃归。其后居肥前州背振之山。其志曰：祖师中兴宗教，建坊曰叶上，名闻四方。尝得宋域茶子，

图2　圣福寺中传说是荣西带回来的茶树　笔者摄影

持还投背振山，石上种之，庵验其土宣何如也。茶子一夜而生根芽。祖师知其为瑞草，然而后继以植之山中，名园曰石上传。

宝历十四年岁次甲申夏六月日，肥前州甘露元皓大潮谨撰奉敕永平当寺十九代耕云立石。

3. 黑川道祐著《雍州府志》（贞享和元年，1684年成书）

中世建仁寺开祖千光国师荣西，入宋得茶，而归本朝。治源实朝公之余醺，明惠上人种茶实于栂尾，其所种之深濑等园名，至今存矣。曾来朝层清拙正澄、兴梦窗独芳，游栂尾之诗中，称栂尾为茶山。

4. 盘察著《除睡抄》（享保六年，1721年成书）

或抄云，建仁寺开山千光国师、栂尾明惠上人同船入唐，同时归朝，茶种将来，筑前国背振山植之，号岩上茶，上人移之栂尾，又移宇治云云。

1～4的记载异曲同工，传达了荣西从宋带回茶，把它给了明惠，形成了

栂尾茶的信息。可见在14世纪末成书的《栂尾明惠上人传记》记载的基础上，17世纪以后，荣西传播茶的传说流传开来。

相反，荣西在世时，包括荣西去世后的一段时期，不存在荣西传播茶的传说。

对此有一条意味深长的史料。在梦窗国师《梦中问答》（康永三年，1344年刊行）卷57《劝放下万事旨》中记载道：

> 唐人常习，皆爱茶，为消食散气养生也。药亦皆定一服之分量，过分时亦。故此茶医书制之。昔卢仝、陆羽等好茶，醒困睡、散蒙气，学申传。我朝栂尾上人、建仁开山，爱玉茶，醒睡散蒙，为道行资玉。今时世间见以茶待客，不可养生之分。

梦想国师明确知道茶道觉醒作用、养生效果，拥有中国卢仝、陆羽的相关知识。但是没有提到荣西《吃茶养生记》，尽管说荣西、明惠爱好茶，对于荣西传播茶却只字未提。

由此可见，康永三年（1344）时，荣西传播茶的传说还没形成。最重要的是尽管与荣西《吃茶养生记》开始时一样提到茶的药效，却没有出现《吃茶养生记》的名字。当然陆羽《茶经》也没出现。但是梦想正在向建仁寺无隐圆范参禅学习临济宗，不可能知道荣西《吃茶养生记》却不提它。

如此说来，只能说是连梦想也不知道荣西《吃茶养生记》的存在。于是，请重新审读前面1～4的史料，江户时代荣西传记里也没有记载撰写《吃茶养生记》的事情。

荣西著《吃茶养生记》之事因《吾妻镜》的记载和抄本存在的事实而变得确凿无疑。但是，考虑到连梦想都不知道的状况，很可能就像《吾妻镜》所说，"誉茶德书"就是献给实朝，根本没有为世人所知。当然献给实朝的是再治本，初治本恐怕在荣西手上，无论如何不会把草稿本公诸于世吧。

有表明《吃茶养生记》没在世间流传的镰仓时代史料。这是无住道晓在弘安六年（1283）编辑的佛教说话集《沙石集》。

《沙石集》卷十之三《建仁寺本愿僧正之事》中描绘的荣西形象：

> 故建仁寺本愿僧正，学戒律，守威仪，学天台真言禅门给行，劝人念佛。……至今申叶上房阿阇梨时，渡宋朝，受如法衣钵传佛法。归朝后，坐建立寺之志，天下大风吹，有损亡之事。……建建仁寺。镰仓寿福寺、镇西圣福寺等，草创禅院之始也。然背国之风仪，开教门，相兼戒律天台真言等，不行一向唐样。故待时。……我灭后五十年，禅法可兴，给由记。作给《兴禅护国论》文，其中有。终立相州

禅门建长寺，大觉禅师丛林之轨则，宋朝。于灭后五十年。

在此叙述了荣西为了让禅宗在日本扎根付出了多少辛苦，记载了荣西为了普及禅宗而著《兴禅护国论》。但是，无论是荣西从宋带回茶，还是撰写《吃茶养生记》都没有记载。那么无住是否是不关心茶的人呢？不是。《沙石集》卷八之十六《先世房之事》就写了僧与茶的事。

从"或牛饲，窥僧之吃茶所云，那何御药候"的质疑开始。僧答："此为三德药也"，解释了觉醒、消化、性欲减退的三个功效。交谈的结果，僧侣得意洋洋的功效在放牛馆看来是麻烦的功效，这种茶完全不需要。"世间思失事，入佛法有得。都德失相习事也。"

从这段对话来看，无住熟知茶之功效。而且从深谙茶效的僧侣的立场编辑故事。如果无住有茶是荣西从宋带回来的情报，有荣西撰写了《吃茶养生记》这部书籍的情报，应该会记载。而《沙石集》中没有相关记载，只能说明无住没有荣西传播茶的传说情报，不知道《吃茶养生记》的存在。

四、回国后的荣西

建久二年（1191）七月回国的荣西在九州构筑地盘。八月在肥前国高来郡建宝月山福慧寺，在日向国白发岳建拘留孙寺，翌年正月在筑前国建建久报恩寺，再翌年于筑后国建千光寺。

回国第四年时终于要在京都建禅院，可是在比叡山僧侣的阻挠下，梦想未能实现。荣西失意地回到博多，建久六年建立了圣福寺（图3），九年撰写了《兴禅护国论》，翌年的元治元年下镰仓。关于这些经纬，《兴禅护国论》等有详细记载。根据《兴禅护国论》卷上：

　　智证大师表云：慈觉大师在唐日发愿曰：吾遥涉苍波，远求白法，倘得归本朝，必建立禅院。其意为专护国家、利群生故

图3　博多圣福寺　笔者摄影

也云云。愚亦欲弘者，从此圣行。仍立镇护国家门。

尽管本来并不是以禅宗为目标入宋，但是第二次归国后，荣西的方针一以贯之，这就是在日本推广禅宗。在九州建立的几个寺院可以说是为了在日本打下禅宗的根基。

不知荣西的真意何在，但是为了在权门体制支配的佛教界兴起新风，把当时在宋最盛行的禅宗带回日本，自己努力成为其先驱者是毋庸置疑的事实。

荣西在京都站在天台、真言、禅宗三宗兼学的立场上，充分了解旧佛教的势力有多大，抵抗力有多大。他把目标放在镰仓也只能是他感受到武士将要成为今后时代的主角。武士成为主流的世界是怎样的世界？那是竭尽全力遏制武力的人们的世界。也就是说，不是学问的、人道的，是追求通过实践精神的修养锻炼克己心的宗教的世界。

荣西无意否定天台的世界、真言的世界，但是感悟到今天的世界所必要的教义是禅。三宗兼学并不仅仅是方便法门，而是从全面肯定自己在日本学到的东西和重新在宋学到的东西出发的姿态。

但是，禅宗要在日本立足不容易。

荣西回国后的后半生都用在了建立寺院和普及禅宗上。大量的先学把荣西撰写《吃茶养生记》视为回国后活动的一个环节，比如森鹿三氏就认为：

> 他通过两次入宋，切身体验了那块土地上的吃茶习俗及其功效，再以中国文献为补充证据，感觉必须在断绝了这个风俗的我国推广，再次带回茶籽，之后在所到各地栽种茶树，传授制茶、饮茶方法，打下了现在就像大家看到的茶的日常化的基础。这个体验与知识的结晶就是《吃茶养生记》。[1]

荣西在中国接触吃茶文化，在禅院体验饮茶应该没有问题。但是，为了在日本推广禅宗，"痛感需要普及（吃茶之风）"是没有依据的推测。进而"在所到各地栽种茶树，传授制茶、饮茶方法"不过是森氏的臆测。

但是，森氏的这个臆断在研究者中得到继承。比如林屋辰三郎《图录茶道史》说：

> 荣西带回来的茶的普及在荣西的修行中也许奇特但是还是有一致性。首先茶种，荣西在肥前平户岛苇浦上岸，马上在跨越肥筑国境的背振山的南麓、肥前国灵仙寺西谷以及石上坊的前苑播种，在石间发芽，不久就整座山枝繁叶茂。……之后，荣西开始在北九州传道，建

① 森鹿三《吃茶养生记·题解》，《茶道古典全集》第二卷，淡交社，1958年。

久五年在博多开创圣福寺的同时，也在那里移植茶树。①

林屋氏没有说《吃茶养生记》与茶文化普及的直接因果关系，但是显而易见以森氏的见解为前提。

但是，荣西回国后，如果热心于茶树栽培，而且关注吃茶的普及，那么建保二年（1214）实朝苦于宿醉时就不用麻烦荣西亲自动手了，实朝自己、或者周边的人给他喝茶就是了。可是没有这样，再考虑到向实朝呈献《吃茶养生记》的好机会，只能说至此为止荣西没有普及吃茶风俗。对此，古田绍钦氏的意见非常重要：

> 茶与禅的结合恐怕是荣西入宋以后才明确了解的，再因为最重要的禅不是那么容易被接受的现实，荣西没有从禅院茶礼着手，而是首先通过说明吃茶养生，让大家理解茶的意义，等待时间的成熟。②

就像古田氏所指出的那样，荣西回国时，禅宗还不是能被接受的状态。连禅宗都无法接受，就更别提禅院的吃茶了。禅院吃茶不过是根据清规展开的，不可能从开始就存在。而且宋朝流行的吃茶风俗不过是生活文化，不是宗教文化。作为生活文化，来往于日宋之间的商人们普及也没有问题，不一定需要僧侣的荣西，或者说那样更加自然。

在此，再看一下《吃茶养生记》卷上《明茶调样章》：

> 右末世养生之法，记录如斯。抑我国医道之人，不知采茶法，故不用之。还讥曰非药云云。是则不知茶之德所致也。荣西在唐之昔，见贵重茶如眼。赐忠臣，施高僧，义同古今。种种语不能具书。
>
> 闻唐医语云："若人吃茶，失诸药效，不得治病，故心脏弱也。"庶几末代良医悉之。

这里的"不知采茶法"意味着荣西承认日本也栽培着茶树。尽管存在，因为不知道正确的采茶方法，也不知道茶的药效，反而批评茶无法成为药，这完全是错误。再具体记录了入宋时在宋朝僧侣那里的所见所闻，论述了有效于心脏。而且论说者不是僧侣，而是"末代之良医"那样的医生。

五、《吃茶养生记》的执笔

在向日本医生论述茶的药效，但是仅仅如此吗？

---

① 林屋辰三郎《图录茶道史》，淡交社，1980 年，93 页。
② 荣西《吃茶养生记》，116–117 页。

就像献给实朝那样，《吃茶养生记》是针对一般人而撰写的读物，与禅宗没有什么关系吗？

关于《兴禅护国论》，柳田圣山氏指出，虎关师炼在《元亨释书》卷首提及《兴禅护国论》旨在确立荣西传播禅宗的权威性，建立在宋代佛教基本上，都是禅宗的背景，对于第二次入宋以后的荣西来说，禅宗意味着需要持戒持律的生活，可以断定荣西确实读过的禅录是《宗镜录》和《禅苑清规》。①

如果像柳田氏所指出的那样，因为荣西深受宋朝禅宗文化影响，那么《吃茶养生记》也就是在繁荣的宋朝禅宗文化的基础上形成的。但是，《兴禅护国论》引用了《禅苑清规》，而《吃茶养生记》里却不见引用，这有些不可思议。但是在有建久八年（1197）八月二十三日日期的《未来记》里有：

> 其佛海禅师无生见谛人也，能识知未来事。今既荣西到彼传而来，其身虽不肖，其事既相当，除予谁哉？好人不越海，愚人到何要？那智人察矣。从彼佛海禅师记至于予越蓬莱瀛，首尾一十八年，灵记太□哉。追思未来，禅宗不空堕。予去世后五十年，此宗最可兴矣。即荣西亲记。

荣西预言禅宗的兴盛在自己死后五十年。有在日本推广禅宗"除予谁钦"、他人无法取代自己的自负，自己不死就无法迎来禅宗的全盛期，这也是切实感受到禅宗传教困难程度的预言。

翌年的建久九年撰《兴禅护国论》，两年后的正治二年（1200）再著《出家大纲》。但是，其实《出家大纲》在回国两年前的文治五年（1189）就起草了，充满热情，比《兴禅护国论》表现直率。

根据中尾良信氏的《解说》②，《出家大纲》强调了"扶律禅法"，"基于虚庵会下清规的清净生活是撰写本书的机缘"，"从分量上看，第一门关于衣、食的记载最多，内容也很详细"。从下面荣西的记载可以得到确认：

○从黎明始见物形到正午是用餐时间。

○律文中，根据毘舍佉鹿母向释尊所述，释尊许朝食粥。……即使食饼也不能吃到满腹。称之为"小食"，或者"小饭"。于是昼间所食称"中食"或"时食"。

○义净三藏译《有部律》云，比丘五种正食是饭、麦豆饭、麸、肉、饼。

① 柳田圣山《荣西与〈兴禅护国论〉的课题》，《日本思想大系 16 中世禅家的思想》，岩波书店，1972 年。

② 高桥秀荣、中尾良信译《大乘佛典 20 荣西·明惠》，中央公论社，1988 年。

一、荣西《吃茶养生记》研究

○黎明后食粥。夜里不能用餐。夜食非法。……食粥后还可以食饼、果子，但是不能吃到满腹。

○到了白昼的吃饭礼仪是首先合掌唱"十佛名"。

○具备食物三德六味的食品施佛及僧，供养活的和生长的东西。

○《四分率》中说："辣、甜、咸的东西不是正餐，应该都在规定时间以外接受服用"。有"柑橘类的皮、朴、狼牙、甘葛、甘薯糖"等。不过因为甘葛是清洁体内的东西，可以添加水。

可以看到很多关于饮食的详细记载。

就像中尾氏所指出的，荣西注意到禅宗重视清规，在清规中也有衣食的戒律。用餐的时间、用餐时的礼仪，甚至连菜肴以外的甜味剂等的注意事项都记载了。然而没有关于"茶"的记载。尽管难以否定"茶"在清规中的存在，但是荣西《出家大纲》里没有关于"茶"的记载。

而且，关于规定时间外的水，引用了义净三藏的说法，"以净瓶蓄水"。这个净瓶是四头茶礼中向茶碗里注入开水时使用的道具。不可能知道净瓶的存在却不知道茶的存在。这就意味着在荣西执笔《出家大纲》的阶段，还没有重视吃茶。这在考察荣西对于"吃茶"的视点时非常重要。

总之，在荣西回国后为了推广禅宗，基于清规执笔撰写的东西中没有提到吃茶。可以理解为荣西无暇关心吃茶文化，专注于禅宗基础建设。在荣西的禅生活中应该存在吃茶。

如果荣西过着重视《禅苑清规》的修养生活，必然伴随吃茶。但是荣西在回国后并没有把吃茶作为特别的事情、或者说有计划地推广。

六、总结

由以上的资料可以总结如下：

荣西知道在自己入宋以前日本已经存在茶树。同时，在宋朝已经普及的禅宗文化和吃茶文化中，荣西应该在宋朝已经熟悉饮茶。而且既然对《禅苑清规》倾倒，当然经历了清规中规定的禅院吃茶，回国后也应该继续吃茶。

但是，荣西回国以后在日本推广禅宗非常困难。为此，不再强调禅宗，在强调禅宗的长处的同时，只能以天台、真言、禅宗的三宗兼学为框架。这也是禅宗普及困难的一个证据。就是说荣西回国后尽管全力以赴，还是没能在实际上让禅宗扎根。

另外，看一下荣西与茶的关系可以发现，早期的荣西传里没有传播茶的记载。而且，既记载了茶德，又记载了荣西的《沙石集》在荣西传里，也没有吃茶的相关记载。最早记载荣西传播茶的是大约成书于明德三年（1392）的《栂尾明惠上人传记》。就是说，在荣西死后，经过了相当长的时间之后传播茶的说法才出现。在引进植物方面，荣西强调的是菩提树。

于是，最重要的一点是《吃茶养生记》再治本完成于荣西去世前一年的最晚年。这也意味着到最晚年荣西才意识到撰写吃茶关联的东西。但是在京都建立建仁寺，在镰仓还把福寿寺作为将军家的供养，得到镰仓武士栋梁的将军家的信赖的荣西终于有了精神上的从容，进而在意识到自己死后完成禅宗时，意识到根据清规展开吃茶的茶礼布局的时刻到了。

这时，仍然不是直接强调清规中的茶礼，就像三宗兼学所展示的那样，企图让人们自然而然地接受吃茶，于是有了阐释作为医药的茶的功效的《吃茶养生记》。

如果出于这样的思考，那就不能像现在这样把《吃茶养生记》理解成为推广宋代吃茶文化的书籍，只有理解为健全禅宗清规的书籍才是正确的。

　　高桥忠彦（takahasi tadahiko） 1952 年生于神奈川县。毕业于东京大学文学部中国哲学专业，东京大学研究生院人文科学研究科硕士。历任东京大学文学部中国哲学研究室助教，东京学艺大学教育学部人文社会科学系日本语·日本文学研究讲座中国古典学分野教授。现为东京学艺大学名誉教授、茶汤文化学会理事。专攻中国吃茶文化史，主要从事由唐代至明代吃茶文化变迁的文献研究。此外，以汉字·汉语的文字·语汇研究为中心，研究日本中世的古辞书、古信函。主要编著《文选（赋篇）》中·下（明治书院，1994·2001 年）、《东洋的茶》（淡交社，2000 年）、《真名本伊势物语》（新典社，2000 年）、《御伽草子精进鱼类物语》（汲古书院，2004 年）、《日本的古辞书》（大修馆书店，2006 年）、《桂川地藏记》（八木书店，2012 年）、《茶经·吃茶养生记·茶录·茶具图赞》（淡交社，2013 年）、《庭训往来》（新典社，2014 年）、《いろは分类辞书综合研究》（武藏野书院，2016 年）。共著《陆羽〈茶经〉研究》（宫带出版社，2012 年）、《日本茶汤全史·中世》（思文阁出版社，2013 年）、《东亚中的五山文化》（东京大学出版会，2014 年）、《海洋培育的日本文化》（东京大学出版社，2014 年）、《徽宗〈大观茶论〉研究》（宫带出版社，2017 年）。

《吃茶养生记》的语汇与文体

[日] 高桥忠彦

一、《吃茶养生记》的价值与疑点

荣西所著《吃茶养生记》不仅是日本茶史上的重要研究史料，也是南宋浙江茶文化的贵重文献①。之所以这么说是因为南宋茶书数量很少，尽管存在《北苑别录》《茶具图赞》，但是前者主要是对北宋一系列以北苑茶为对象的著述的补遗，后者虽然更具综合性，但是作为游戏文，内容暧昧。相比之下，《吃茶养生记》不仅是唯一记载叶茶点饮方法的茶书，而且因为荣西在浙江活动，作为地域明确的史料，提高了史料价值。另外，作为对于亲眼目睹的叶茶制造法的记录也非常重要，可以窥见没有揉捻工艺的初期叶茶的制法。而介绍茶以外的桑、五香煎等宋代种类丰富的药用·健康饮料也同样意义深刻。

毫无疑问，撰写《吃茶养生记》的目的是解释茶的功能，使它普及，但是不知道设定了怎样的读者群。考虑到在初治本末尾有"今依仰之旨录上"，《吾妻镜》建保二年中记录的向实朝献上"誉茶德之书"很可能是同年所著《吃茶养生记》的再治本，让人觉得《吃茶养生记》是直接为特定尊贵的人撰写的。但是，既然是书籍，无疑会期待得到更加广泛的读者。从内容上看，如果不是针对佛教徒，那就是把读者群设定为社会上有实力的世俗人群。那么这些读者是拥有传统教养的首都的公家，还是新兴阶层的武士就成了问题。本文对于这个问题从文体和语汇的特征展开分析考察。

---

① 高桥忠彦《〈吃茶养生记〉在中国茶史上的意义》，《东京学艺大学纪要》第二部门人文科学第 45 集，1994 年。

二、《吃茶养生记》的文体特征

《吃茶养生记》的研究角度可能各种各样，在此，针对其文章本身，就语汇和文体的特征展开论述，由此推测荣西的创作意图。

首先应该注意的是《吃茶养生记》由多种文体混合构成，这是因为它杂撰的内容所致。逐一准确说出有多少种类的文体，从哪里到哪里使用，恐怕并没有什么意义。但是，提出相应文体的显著特征有助于了解本书的性格。

1. 序文

在日本，虽然不是所有著作，但是仅在序文中大量使用对偶句，追求骈文风格浓重的汉文的现象很普遍。这是受中国书籍的影响，模仿《游仙窟》序那样的骈文（这里完全符合平仄）的形态。比如真名本《平家物语》在开头部分："祇园精舍钟声，有诸行无常响。沙罗双树花色，显盛者必衰理。奢者不久，只如春夜梦，猛人遂灭，偏同风前尘。"（根据热田本），一眼看去就被怀疑是不是真正的骈文（其实不符合平仄规则，是非常日本化的表现）。

《吃茶养生记》的序文也不例外，有骈文的意识，但是一眼就可以看出文章不规范。

> 茶也，末代养生之仙药，人伦延龄之妙术也。山谷生之，其地神灵也。人伦采之，其人长命。天竺唐土同贵重之，我朝日本昔嗜爱之。从昔以来，自国他国具尚之，今更可捐乎。（初治本 4 页）①

即便无视平仄不合，仅仅在过度使用虚词、对偶不工整等方面，按照古典的基准，也绝不是好骈文。没有把中国古典（在日本被经常阅读的是《文选》《白氏文集》《游仙窟》《论语》等）的语汇作为典故使用，可见从一开始就没有撰写晦涩难懂、文学性序文的意图。没有古典文体取向的特征不仅在序文里，可以推断《吃茶养生记》整体也是这样。

2. 议论文

因为《吃茶养生记》本是记述茶的功效的书籍，所以应该是理论性、具有说服力的论证。事实上，上卷《五脏和合门》在介绍《尊胜陀罗尼破地狱仪轨秘抄》概要的同时，根据五行理论，系统论述了茶的功效的理论等，的确是明快的议论文体。下卷《遣除鬼魅门》的前半部分关于病症的分析也与此类似。这些部分恐怕是《吃茶养生记》的核心，荣西不时展开融入自己感情的

---

① 没有出注的引用均来自《茶道古典全集》第二卷（淡交社，1956 年）森鹿三校订《吃茶养生记原文》。

叙说：

> 此五脏受味不同，一脏好味多入，则其脏强，剋傍脏，互生病。
> 其辛酸甘咸之四味，恒有之，食之，苦味恒无，故不食之。是故四脏
> 恒强，心脏恒弱，故恒生病（其病，日本名云心助也）。若心脏病时，
> 一切味皆违。食则皆吐，动不食万物。今用茶则治心脏，为令无病
> 也。可知心脏有病时，人皮肉色恶，运命依此减也。自国他国调菜味
> 同之，皆以欠苦味乎。但大国吃茶，我国不吃茶。大国人心脏无病，
> 亦长命，不得长病羸瘦乎。我国人心脏有病，多长病羸瘦乎。是不吃
> 茶之所致也。（初治本 6 页）

这些部分采用直截了当的表述方式，环环相扣的理论展开非常明晰，可以
看出想进行实证性的论述。总之，作为文章的表现方式，以单纯朴素为主，当
然很难说有文学取向。

3. 记录文

荣西对耳闻目睹的记录使得《吃茶养生记》价值倍增，最典型的例子如下：

> 见宋朝焙茶样，朝采即蒸，即焙之，懒倦怠慢之者，不可为事
> 也。焙棚敷纸，纸不焦许，诱火入，工夫而焙之。不缓不急，终夜不
> 眠，夜内焙上。盛好瓶，以竹叶坚闭，则经年不损矣。欲采时，人夫
> 并食物炭薪，巨多割置，而后采之而已。（初治本 13 页）

> 荣西昔在唐时，从天台到明州，时六月十日也。天热极，人皆气
> 绝乎。于时店主取铫子，盛丁字八分，添水满铫子。良久煎之。不知
> 何要乎。煎了，茶盏之大滴入，持来与荣西令服。称"法师，天热之
> 时，远涉路来，汗多流，恐有不快，仍与令服"云云。假令炊料丁子
> 二升，水一升半软，煎只二合许也。（初治本 22 页）

前者是在宋朝观察到的制茶法，后者是从天台山去宁波旅途上的体验，都
用简洁精确的文体记录下来。后面的"焙上""割置""不知何要"（"要"可能
通"用"）等很多日本化的表现也是简要平明的文体，这也很难说有文学性的
述求。

4. 史料的引用与注释

森鹿三指出《吃茶养生记》大量引用了《太平御览》"茗"项的史料[1]，此
外还有《白氏文集》等各种各样的引用。荣西对于多数的引用加上了注解，但
是句读、解释的错误也随处可见。比如"陶弘景《新录》曰：吃茶轻身换骨苦

---

[1]　参照《茶道古典全集》第二卷，第85页。

云云。脚气即骨苦也。脚气妙药何物如之也。"（初治本 10 页）（是荣西注释部分）这是引用《太平御览》第 867 卷部分的"陶弘景《新录》曰：茗茶轻身换骨，昔丹丘子、黄山君服之"。而《太平御览》恐怕是根据《茶经·七之事》的"陶弘景《杂录》：茗茶轻身换骨，昔丹丘子、黄山君服之"。也许是荣西误读了原文，使得议论大相径庭。

另外，"张孟阳《登成都楼》诗曰：芳茶冠六清，溢味播九区。人生苟安乐，兹土聊可娱云云"。六根清明云六清也。九区者，汉地九州云也（汉地九分立州。今卅六郡，三百六十八州）。生苟者，生用菜。身安乐无病云也。苟则菜也。可娱者，娱乐也。（初治本 11 页）"这被批评曲解"六清""苟安乐"也是无可奈何。对"苟"的误解似乎来自《大广益会玉篇》里的"苟，菜也，又苟且"。

总之，全书所见误读曲解均源自强调茶是健康饮料或者说药用饮料的热情，因为得意忘形而出错。尽管有这样的缺陷，但是努力把难以理解的汉文资料向读者做平易说明的姿态值得肯定，需要这个程度的注释的阶层，把没有古典常识的人设定为读者。

5. 药方

《吃茶养生记》的下卷介绍了以桑为中心的各种药物处方。桑粥法里有"宋朝医曰"（再治本 36 页），日本化的表现方式（"浮粥""割置"等词汇以外，在表述程度"刚刚"的场合，使用本来表示概数、概略的"许"等）非常显眼，应该不是引用中国医书的原文。用"宋朝的医生直接教给我的"来增强权威性，不是引用中国书籍。尽管如此，这些处方的记录简洁准确，用语严密。

例如，在中国的文献里，尽管"煎"与"煮"是近义词，但是区别使用。前者指长时间煮到水分减少的意思，后者是把材料煮柔软的意思，各有侧重。详见拙论《关于〈茶经〉的用字》（"世界茶文化学术研究丛书"第一册《陆羽〈茶经〉研究》）。从《吃茶养生记》"豆煮桑被煎"（初治本 18 页，再治本 36 页）的表现里也可以看出，有意识地区别使用把素材煮软的"煮"和把素材的成分煮出来的"煎"。因此，长时间煮的场合，粥的话是"煮"。其他的部分也可以看出这种使用区别。就是说，尽管是平易的表现方式，并没有失去遣词的正确性。恐怕药方这样的实用部分有必要严密地记录。

进而，关于茶文化的用语"煎"和"点"，也是唐宋药学用语，"煎服"和"点服"是服用茶、药的两种形态。荣西认为服用粉末的"点服"效果更好。《吃茶养生记》中，两者经常被对比，在茶末、桑末、高良姜末、五香末里注入开水饮用被称为"点"。另外，"细末之，一钱投酒服之"（初治本 20 页），把粉末与粥或者酒混合在一起时，因为不是注入开水，所以不说"点"。相对于点服，煎服被认为相对效果比较差，最终成为鼓励"点茶"的理论依据。而且，同样讨论比较茶的"点服"和"煎服"，同为南宋人的林洪所著《山家清供》里有"茶即药也，煎服则去滞而化食，以汤点之，则反滞膈而损脾胃"。推荐点服茶的荣西与以煎服为上的林洪尽管立场相反，用语却是一致的。

在《吃茶养生记》里非常引人注目的是，作为科学技术用语的重要词汇，在正确把握汉字的正确意义的同时，严密地区别使用。

三、《吃茶养生记》的语汇特征

1. 日本化的语汇

一般说来，在日制汉文里，有很多虚词误用。《吃茶养生记》中"也""乎""矣"等文末虚词（语气词）数量之多超过实际需要，很多场合无法正确区分使用。这是没能严密模仿中国散文的结果。特别是文末的"欤"不是疑问，而是作为感叹使用，可以断定是日本汉文的特征，比如在《吃茶养生记》里可以看到如"五香不整足者，随一可服欤"。（初治本 22 页）

经常把汉语用于日本的意义。就像"心脏是五脏之君子也，茶是味之上首也"（初治本 7 页），"心脏是五脏之君子也，茶是苦味之上首也"（再治本 27 页）中，把"君子"作为"君主"的意义使用恐怕是日本中世语言。《谣曲·昭君》里的"对君主我无话可说"，《谣抄》里"所谓君子，天子也"。于此相对，"上首"频繁出现在汉籍、佛典里，却被吸收进文书（行政、司法文献的总称。多采用书简的形式，功能是契约书、命令书等有权威的公文书），成为大量使用的语汇。这种事例其他还有很多，在研究初治本和再治本关系时再集中讨论。

2. 源自佛典的语汇

自然，《吃茶养生记》在整体上受佛典的影响很大。除了直接引用佛教文献，"共利群生矣"（初治本 5 页，再治本 25 页）似乎来自唐代圭峰宗密《华严原人论序》里的"然孔老释迦皆是至圣。随时应物，设教殊塗。内外相资，共利群庶"等，有些可以找到具体的出处。

此外，还有很多佛典经常使用的语汇。除了纯粹的佛教教理语汇，还有很多佛典中经常使用的语言。"巨多""懈倦""怠慢""种种语""具注""同仪""退散驰走""相应""下劣""有情人""不可不信""等分""为期""整

一、荣西《吃茶养生记》研究

足""加被""随一"等，不胜枚举，还有佛典以外的中国典籍用例，究竟在多大程度上意识到佛教用语各不相同。当然，在日本中世汉语语汇的形成中佛典的影响很大，由此可以再一次得到确认。佛教用语中，还有很多转化为记录用语、文书用语日本化了。

但是，"见贵重茶如眼"（初治本 13 页）的"如眼"稍微有些难懂。有时还把它翻译成"眼睛所看到的"，如果参照《大方便佛报恩经》："天王有五百太子，悉皆端正，聪明智慧人相具足，其父爱念喻如眼目"，就成了"像对自己的眼睛那样重视"。日本也有与此类似的说法，即"一心一意守护老师的教诲如眼睛"（武藏玉藏院文书，建久七年（1196）四月十三日，胜贤附属状案，镰仓遗文补 180 号）。尽管文脉有些不同，但都是作为重视的比喻。

3. 古文书用语·古记录用语

近世以前，契约书、裁判记录等针对不特定多数对象制定的公式文书被称为古文书，包括了与法律政治、社会经济相关的内容。它们基本是用汉字写成的"日制汉文"，拥有一种独特的文体和语汇。《吃茶养生记》本身不是古文书体，但是中古以来发展起来的古文书特有的反复叙述表达方式也被大量采用。比如"欲采时，人夫并食物碳薪，巨他割置"（初治本 13 页），"木角燋许燥之割置三升五升可盛袋矣"（初治本 19 页），"木角燋许燥割置三升五升盛袋"（再治本 36 页），使用了"割置"一词。有时翻译成"切割木材放置"，这完全是误译。"割置"是中世日本的文书用语，使用在大量的社会经济史关联记述上，"收入或者物质的一部分就特定用途分摊使用。"[①] 在这里，从文脉上看无疑是作为事先准备的意义使用，也是援用文书用语。

"不审之辈，到大国询之，无隐欤"（初治本 23 页）和"若不审之辈，到大国询问，无隐欤"（再治本 39 页）的"无隐"来自《论语·述而》的"吾无隐尔乎"，在日本得到独特的用法，以"毫无疑问"的意义，作为文书用语被频繁地使用。

序里有"不可不斟酌矣"（初治本 4 页），"可斟酌"在文书里被经常使用，至于"不可不怕"（初治本 4 页，再治本 24 页），相似的表达方式"不可不恐"频繁出现在古文书里。此外，作为古文书里经常可见的表现方式，"不便事"（初治本 18 页）、"最不便"（再治本 36 页）（不合适、错误的意思的文书用语，"非常可怜的"是错误的）。古文书是讨论契约、裁判等社会经济事项的内容，有很多强调论点的表现。

---

① 请参照高桥久子《割置考》，《东京学艺大学纪要》人文社会科学系第 60 集，2009 年。

本书与古记录（地位显赫人物的正式日记）的语言有很多的共通性。古记录的语汇与古文书的语汇在相当共通的同时，也有差异。举一个例子。有的版本"为奇为奇"（再治本 35 页）做"为奇云云"，按照史料编撰所本，当做"为奇为奇"。这是"吃惊"是批评口吻的感叹词，在《御堂关白记》里，长保二年（1000）一月一日以外，还有 9 处被使用。像这样通过重复的感叹词是古记录的表现特征。"可忌可忌"（再治本 35 页）也可以这样理解。只是因为"等等"与"云云"酷似，需要在文脉中判断。例如，"随意等等"（再治本 38 页）与"随意随意"相比，应该与"随意云云"同样理解。

如此看来，在《吃茶养生记》里可以看到古文书、古记录的表现的原因是，对于当时的人来说，这是最容易使用，容易沟通的日常用语。特别是在武士社会，政务上相互协调的阶层中，最容易理解。

四、初治本和再治本

1. 从初治本到再治本

《吃茶养生记》有初治本和再治本两系统的版本。承元五年（1211）正月，荣西 71 岁时撰写的初稿今天称初治本，建保二年（1214）正月，荣西 74 岁时所完成的版本被称为再治本。初治本最好的版本是寿福寺本，再治本最好的版本是东京大学史料编撰所本，至今尚未充分校勘，今后需要伴随版本的评判进行校订和深入细致的研究。还有江户时代刊行的坊刻本，只是再治本系统的版本为江户时代的读者做了大量随意的改写，使得版本价值极低。

初治本和再治本的差异很大，可以看出荣西经过三年改写的痕迹，其自身是贵重的史料。能够如此明确地展现作者推敲过程的古代文献非常罕见，在此比较一下序文。

> 天竺唐土同贵重之，我朝日本昔嗜爱之。从昔以来，自国他国具尚之，今更可捐乎。况末世养生之良药也。不可不斟酌矣。（初治本 4 页）

> 天竺唐土同贵重之，我朝日本曾嗜爱矣。古今奇特仙药也。不可不摘乎。（再治本 24 页）

在这里可以看出从初治本到再治本变化的典型事例。即成熟的汉文、换句话说对于正确使用中文的追求。与"昔嗜爱之"相比，"曾嗜爱矣"更加中国化。这样的改变停留在字句层面，从文章的构成、语法的角度看，初治本和再治本还是都很幼稚，很难说有什么改善。作为对偶句的两句的末尾，初治本原来是"之"，再治本把"之"与"矣"相对，其实都不合适。

在语汇层面，很明显再治本努力减少了日本味。把"针灸并痛"（初治本4页）改成"针灸并伤"（再治本24页），因为"痛"有"疼痛"的训读，对"受伤"的意义使用了"痛"字进行了修改。至于把"银之毛拔"（初治本13页）改成"银之镊子"（再治本30页），毫无疑问是把纯粹日本语的"毛拔"改成汉语的"镊子"。把"夜内焙上"（初治本13页）改成"夜内可焙毕也"（再治本32页），是因为断定助词的"上"不好。日语中的"上"确实有"完成某个动作"的意义，但是把汉字的"上"视为动词也没有这个意思，原先以训读为前提的表现不能说是正确的汉文。可是尽管如此，"夜内"也好，"可"也罢，还是有语病。"浮粥"（初治本18页）"薄粥"（再治本36页）在其他文献中的用例都没能确认，但是很明显，前者日本化，后者更加中国化。

就这样，对于名词、形容词、动词等各种具有实际意义的品词，日语化的表现被改掉。但是看不出对于助动词、虚词这类微妙词语的推敲、修订痕迹。

2. 初治本和再治本在日本语表现上的比较

本来应该讨论初治本和再治本的所有差异，如上所述差异集中在日本语的表现中。于是关注这一点，按以下顺序调查初治本和再治本的关系。首先纵观《吃茶养生记》全书，在语汇方面，挑出日本语表现明显的地方，然后考察初治本和再治本的差异以及由此可以看出来的修改的方向性。

可以把它们分成四类情况，分别用○△●▲表示。初治本是寿福寺本，再治本以史料编撰所本为底本。不过（）内是《茶道古典全集》等二卷铅字文本的页数。

○ 把日本语表现改写成汉语的表现

△ 删除日本语的表现

● 没有改动日本语表现（容忍之外字句变更）

▲ 追加日本语的表现

另外，在这个考察中，日本语表现被认定为文书用语、记录用语时也标示出来。这时，加上用例数的"古记录"指东京大学史料编撰所的网站（http://www.hi.u-Tokyo.ac.jp/index-j.html）上公开的"古记录全文数据库"，"平安遗文"指同网站的"平安遗文全文数据库"，"镰仓遗文"指同网站的"镰仓遗文全文数据库"。

△ 不可不斟酌矣（4）→无

初治本中，在例举应该重视茶的理由之后，说要对它"斟酌"，必须深思熟虑。再治本中这个表现消失了，硬要说的话勉强相当"不可摘乎"这个直截了当的说法，表现得比较弱。"不可不斟酌"的表现在古文书、古记录里看不到，类似的"可斟酌"在镰仓遗文里有9例，古记录里有21例，是"必须考虑事情"的意思。这种表现如同"尤可斟酌哉""又可斟酌者欤"，很多以咏叹的语感放文末。在这方面，与意义用法一起，可以把"不可不斟酌"视为文书用语类的例子。

○ 针灸并痛（4）→针灸并伤（24）

因为在这里说的是针、灸治疗对身体有害，所以与"痛"相比，作为汉语，"伤"更正确。错误产生于"痛"的日文训读，再治本订正了。

● 不可不怕者欤（4）→不可不怕者欤（24）

作为批评进行错误治疗现状的用语用于文末，再治本中也没变化。这是《吃茶养生记》的重要主张。"不可不怕"在古文书、古记录里看不到，同意的"不可不恐"在镰仓遗文里有9例，古记录里有1例。与这里一样，用于文末咏叹的表现。"不可不怕"也可以视为文书用语类的例子。

○ 养生之术计（4）→养生之术（24）

初治本的"术计"作为汉语用例很少，蔡襄《士伸知己赋》有"桑羊役乎计，商鞅刻乎刑名"。就像桑弘羊主张盐铁专卖的政略那样，有计略术策的语感，再治本改写成"术"。不过在日本，"术计"在平安遗文里有7例，镰仓遗文里有25例，古记录里有8例，数量很多，是一般的文书用语。

○ 内之治术也（7）→内之治方也（26）

初治本的"治术"中，治国术策的意义很强，因此再治本中做了改动。比如《全唐文》中可以看到4例"治术"，都是国家政策的意思。在日本，向地方政治的意思倾斜大量使用"治术"，平安遗文里有18例，镰仓遗文里有12例，古记录里有19例。政治意义也用"治方"，但是很罕见。

● 心脏是五脏之君子也，茶是味之上首也（7）→心脏是五脏之君子也，茶是苦味之上首也（27）

如上所述，把"君子"作为"君主"的意思使用是日本语的用法。"上首"也是喜欢在文书中使用的词语，另一方面汉籍、佛典里也看得到，不是纯粹日本语用法。都用于再治本。

△ 脚气妙药何物如之哉（10）→无

汉籍中看不到"何物如之哉"这样的表现。有"何物"的说法，但是没有反问的用法。下面将要提到"何物如之"是典型的文书用语。这是变形的表现，都是日本语的表现，再治本中被删除。

● 生苟者生用菜，身安乐无病云也，苟则菜也（11）→茶生用菜，苟字菜

也（30）

如前所述，"生苟"的解释完全错误，非常不贴切。尽管如此，初治本中"种蔬菜吃健康"的解释在再治本中尽管意义不明，可以理解为"饮用生的茶叶健康"。

△ 不存百之一也（11）→无

魏袁准《袁子正论·刑法》中有"夫可赦之罪，百之一也"，不是不可能是"一百个里面的一个"的意思。只是"一百里面连一个都没有"的意思的"不存百之一也"的表现有点勉为其难。再治本中删除了。

● 为不令茶汤久寒（12）→为不令茶久寒（30）

从文脉上看，如果是"让茶汤别在长时间里冷了"的意思，这里的"不令茶汤久寒"就成了"不管到什么时候都不让茶汤凉"，不合适。

● 汤水（12）→汤水（31）

汉语的"汤水"原则上的开水的意思，不用于"汤与水"的意义。但是，在这里是日本语的"汤水"表记，可以说是日本的用法。再治本没有变更。

○ 百姓烦（12）→民烦（31）

再治本把初治本的"百姓"改写成"民"，都是汉语。"百姓"接近汉语的原意，表现一般的人民，中世以后变成农民的意思。在这里再治本为了避免误解为"农民"，改为"民"。这样一来，这就属于避开日本语表现的一类。

○ 此比（13）→比（13）

初治本的"此比"让人理解为"此时"。作为汉语不可能，但是镰仓遗文里可以看到用例。比如《日莲圣人遗文》（弘安元年四月二十二日）有"从正月下旬之比，至卯月此比"。在再治本中可以看出因为"比"一个字可以解释为"这时"，于是删除"此"的推敲的痕迹。

○ 毛拔（13）→镊子（31）

如上所述，因为初治本的"毛拔"是纯粹的日语，再治本改成了汉语的"镊子"，不过没有改变意义。

○ 纸不焦许（13）→纸不焦样（32）

初治本的"纸不焦许"可以理解为"纸别都焦了"，"许"没有那种表示程度的意思。因为"许"有表示概数的功能，所以可以说"十人许"。用于程度的"都"是由此派生的日文解释。再治本改为"纸别那样焦了"，"样"的用法也是日本化的，没有变化。

○ 焙上（13）→焙毕（32）

如前所述，把"上"作为完成动作意义的补助用语是日本语，再治本改为"毕"。

△ 巨多割置（13）→无

把庞大说成"巨多"在汉籍里很少见，但是佛典里有，而且是古文书、古记录里的常套语。分割一定数量出来意思的"割置"也如前所述是文书用语，在再治本中都被省略。

○ 帝王有忠臣必给茶（13）→给忠臣（32）

再治本比初治本短，修辞上推敲的结果变简洁了。

○ 今昔同仪（14）→古今仪同（32）

"今昔"本是"今晚"的意思，唐代以后开始用于"今与昔"的意义。自古以来，"古今"一贯是"古与今"的意思。因此，无论是初治本还是再治本，都没有日本味，不过"古今"更是古典语汇。只是无法判断究竟是否是有意识推敲的结果。

● 近比（16）→近比（33）

无疑把"近比"读解为"最近"是日本的表现，再治本也一样。

▲ 无→无百之一平复矣（34）

把可能性小说成"无百一"，无法说中国没有，杜牧的《祭故处州李使君文》中就有"君子小人，鼻目并列，与小人校，会无百一"。但是，在这里用于一百个里恐怕连一个都没有平复的意思很难作为汉文。

▲ 无→无百一厄（34）

"百无一"参照前项。还是解释为"在一百个里面连一个厄都没有"很难作为汉文。

○ 渐答渐平愈（16）→渐渐平愈（34）

初治本的"渐渐回答（有药效）渐渐平愈"，在再治本中改成"渐渐平愈"。与前者毫无意义地汇集了"渐"，词语冗漫不明相比，后者汇集为四字。本来如果是"平愈"，就没有必要说药"回答"。而且"渐渐"一词是从《诗经》《楚辞》到唐诗都被广泛应用的常用词语。

○ 勿疑勿疑（16）→勿疑矣（34）

"勿疑"是汉籍、佛典中常用的表现，但是反复的用法没见过。《大正大藏经》中只有圆珍《授决集》里的一例。再治本改成更加普通的"勿疑"。而且，这种一个词语反复的表现形式在古记录里有很多用例，更经常用于表示文末咏叹。有"为奇为奇""比兴比兴"这样的用例。结果是与初治本相比，再治本更像汉文。

● 尤可斟酌（17）→可怪可斟酌（35）

"可斟酌"是文书用语已如上述。再治本中因为其上再加了"可怪",更不像汉文了,成了日本化的表现。

△ 只疮许肿(17)→无

"许"表示程度,如前所述是日本语独自的东西。再治本删除了这个表现。

▲ 无→可忌可忌(35)

如前所述,再治本中使用的"可忌"的反复是古记录喜欢的表现。

▲ 无→为奇为奇(35)

如上所述,《御堂关白记》里有9处使用,作者满心疑虑的感情在文末表现出来。这里也一样,是批评世上对于脚气的错误认识太奇怪的用语。

● 尤不便事(18)→最不便(36)

如前所述,"不便"(不方便的批评的意思)是文书用语。在初治本和再治本中,用词多少有变化。都是日本语独自的表现。"不便"在平安遗文里有103例,镰仓遗文里有582例,古记录里有807例。

△ 愚也勿说矣(18)→无

如果说"勿说"意为不许对人说,汉籍里也可以看见,白居易的《答崔侍郎钱舍人书问因继以诗》中也有"慎勿说向人,人多笑此言"。佛典里尤其频繁使用。但是这个"愚也勿说矣"的意义独特,从前后文脉看,可以理解为"愚蠢得让人无语"。只是无法确认究竟是否存在这种表现。不管哪种都不是正确的汉文,可以视为日本语的说法。再治本中看不到。并且,《茶道古典全集》中寿福寺本作"勿就",字迹确实有些漶漫不清,但是很难说是"就",好像是"訛"的字形。

○ 浮粥(18)→薄粥(36)

初治本的"浮粥"和再治本的"薄粥"都是对应于"坚粥"(今天的干饭)的词语,明确是现在的"粥"的意思。但是,无法确认。《日本国语大辞典》没有"浮粥","薄粥"仅仅引用了夏目漱石的《明暗》(《和名类聚抄》中可以看到"薄糜"一词)。因此,《吃茶养生记》的用例很宝贵。尽管都是日本语的表现,但是与"浮粥"相比,"薄粥"更像汉语,因此改成这样。

● 不引水(19)→不引水(36)

"引水"是"饮水"的意思吧,这是纯粹的日本语的表现。再治本也一样。

△ 坚粥(19)→无

如上所述,"坚粥"相对于现在的饭,《和名抄》中解释为"饘",《江家次第》解斋事中有:"藏人供御粥,坚粥也。"也许因为是纯粹的日本语,再治本中没有使用。

● 木角焦许燥之，割置三升五升（19）→木角焦许燥，可割置三升五升（36）

在这里，使用了表示程度的"许"和准备一定数量的意思的"割置"两个日本语的表现。但是再治本中没有改变。

○ 又不苦（19）→复宜（36）

"不苦"是不要紧的意思，是纯粹的日本语的表现。《日本国语大辞典》中，作为这种用法的最初的用例，例举了《平家物语》。实际上"不苦"在平安遗文里有1例，镰仓遗文里4例，古记录里35例，可以确认是中世的常用语。相对于此，再治本的"复宜"可以解读为"这样也可以"，作为汉文表现不自然。尽管如此，相比"不苦"还是汉语的表现，可以视为推敲的结果。

○ 五指取之（19）→五指撮之（37）

初治本的"取之"不能说一定不是汉文。但是，汉文的"取之"基本上是一般的"得到"的意思，不用于用手指撮的具体动作中。再治本中改写成"撮之"是深思后的结果。

○ 仙术在之（19）→是仙术也（37）

初治本的"仙术在之"是无法理解的表现，如果与再治本的"是仙术也"是同样意义的话，这才无疑是像仙术一样立刻奏效的治疗法。再治本改成更一般的汉文。

● 何事如之（19）→何事如之（37）

"何事如之"是没有更好的意思，汉籍里不使用。平安遗文里有57例，镰仓遗文里有191例，古记录里有20例，古文书、古记录的用例很多，可以说是典型的文书用语。《观心觉梦钞》等日本中世佛教文献里也有很多用例。

● 世人皆所知也（19）→世人皆所知也（37）

"世人皆所知也"是使用佛典的"世人所知"的表现吧。本来是"出世人所知"，也就是指相对于真谛（第一义谛）的世俗真理的世谛。《大乘义章》说："世人所知，名为世谛。"但是后来类似"世人所知"的说法成为谁都认可的意思被广泛使用。"世皆所知"在平安遗文里有1例，"人皆所知"在平安遗文里有1例，镰仓遗文里有9例，古记录里有1例，"世间人皆所知"在古记录里有1例。

△ 不能注进之（20）→无

"注进"是记录下来向上进言的日制汉语，也是典型的文书用语。平安遗文里有574例，镰仓遗文里有2 017例，古记录里有576例。再治本中把这部分删除了。

● 只是许也（20）→只是许也（38）

这里的"许"表示限定，与表示程度时一样，是脱离了汉字意义的日本的用法。

○ 多少迟速，答为期（20）→多少早晚，答以为期（38）

这部分的意义难以理解，恐怕是说高良姜服用方法多种多样，即便效果有多少、快慢，结果还是可以期待的。初治本和再治本语句的差异很多。"迟速"和"早晚"有微妙的差别，本来作为汉语表现而成立。再治本中在"答为期"上加"以"可以看出推敲的痕迹。不管怎么说，"以为期"的表现是在《楚辞》《文选》等古典里能看到的表现。就像《离骚》中的"指西海以为期"的"为目标"的意思。因此在这里用于"可以期待"的"以为期"是日本的错位。

● 引饮之时（21）→引饮之时（38）

"引饮"是前项"引水"的类似例子的"饮用饮料"的意思吧。本来就是日本的用法。再治本没有变更。

△ 不知何要乎（22）→无

"何要"是必需什么的意思，但是在这里的意思是"用于什么""什么用途"。日本的汉字发音中，"用"与"要"通用，是日本的用法。

△ 心地清洁也（22）→无

"心地"如果音读的话是佛教用语，这里的意思是"心情舒畅"，也有日文的训读。

● 非自由之情（22）→非自由之情（39）

"自由"作为汉语意为自己决定自己的行为，尤其没有负面的语感。但是在日本，以任性、任意的意思，多作为非难性文书用语使用。"自由之情"在镰仓遗文里看不到，但是"自由之○○"的表现其实有 180 例，全部是非难性词语。顺便说一下，平安遗文里有 3 例，古记录里有 31 例。因此可以说"自由之情"是日本的用法。

△ 见之无相违（22）→无

"无相违"在这里的意思是《吃茶养生记》里记载的内容，特别是药方中没有错误是确凿无疑的。而且"无相违"的表现在汉籍中基本不使用，佛典中大量使用，是佛教用语。但是同时，平安遗文里有 90 例，镰仓遗文里有 1 221 例，古记录里有 320 例，被非常大量地使用，可以确认是典型的文书用语。再治本中被删除的理由之一是缺少正统汉文的感觉。

● 无隐矣（23）→无隐矣（39）

"无隐"这个文字排列本身在《论语·述而》里可以看到，在日本读解成

"不隐藏""明白"的意义而被使用。作为文书用语大量使用，平安遗文里有40例，镰仓遗文里有84例，古记录里有22例这里的"无隐"也是作为"明白"的意思使用，可以说是日本的用法。

○ 后时不改章矣（23）→后时不改矣（39）

尽管《文心雕龙·附会》中有"改章难于造篇，易字艰于代句"，但是汉籍、佛典中"改章"不作为词汇使用。而且，在这里"后人不要更改原文"的意思用"不改章"来表现有些不自然。因此，把初治本的"不改章"改为"不改"是修改成汉文的表现。

从以上的考察可以看出以下的倾向。

一是改动初治本表现时（○），"痛"→"伤"、"治术"→"治方"、"百姓"→"民"、"毛拔"→"镊子"、"浮粥"→"薄粥"、"不苦"→"宜"等，确认了日本制汉语的场合、汉语的日本用法明显的场合很多。删除的场合（△）也一样，"坚粥"等作为汉语有多么不自然。

再是保存初治本表现时（●），"不可不怕""可斟酌""不便""人皆所知""何事如之"等，记录用语、文书用语引人注目。这些表现大多用于文末，是笔者的感想、感慨、批判等的附加语，区别于议论的实质部分。这些部分使用记录·文书用语虽然逐渐意识到它们是日本语表现，还是使用。再治本中附加时（▲），就像"可忌可忌""为奇为奇"那样，可以看到应该被称为"感想语"的语汇。另外，虽然不能说是纯粹的文书用语·记录用语，"无百之一平复矣""非自由之情""无隐矣"等属于●、▲，可以同样说明。

因此整体上，在议论的本体里可以看出要减少日本语的表现，增加更加汉语化的表现的修改意图，为了使其议论更有效地提示给读者的"感想语"，相反地增加利用易懂的日本语表现。不能无视这些"感想语"在中世记录、文书中特别发达、频繁使用的事实。这些"表现上的功夫"、尤其是在记录·文书用语的使用中，可以视为荣西的意图。

另外，从"此记录后闻之"（再治本40页）开始的一段，也许是再治本写作时的补记，可以看出回应初治本发表以后汇集的批判的意图。总的说来再治本强烈反映了荣西对于吃茶普及的热情、感情。

五、总结

如上所述，《吃茶养生记》从文体上看，使用了明晰、平易的文体，没有模拟古典汉文的指向。在语汇方面，从记录·文书用语开始，大量使用汉语色彩淡薄的日本语语汇、表现。这与其说是荣西的作文能力，不如说是因为本来就是针对日本撰写的书籍。但是，与其茫茫然说日本人，不如说其实还是意识到特定阶层的。

在此想就本书的读者群，提出以镰仓的御家人（与将军结成主从关系的武士），也就是武士阶层为对象的假说。其实《吃茶养生记》在镰仓武家之间推广了吃茶的见解过于简单化，难以证明。但是镰仓初期，宋代风格的吃茶已经渗透进御家人阶层是事实，可以说《吃茶养生记》反映了其时代性。

御家人阶层不同于传统的有学问的公家，缺乏汉文的古典教养。同时，他们负责诉讼等的行政，必须读写文书等实用的文章。因为文书采取书简形式，所以他们以往来书信为教材学习书简文。考虑到不仅是禅僧，武家也支持了镰仓的茶文化的历史经纬，就能理解《吃茶养生记》使用这种语汇书写的意义了吧。

本来中世的记录·文书用语不见得就是负责行政的阶层的语言，与公家阶层无缘。其实撰写古记录的是上流、中流的公家，作成文书的是负责行政·司法的公家、僧侣。然而，打造新的幕府组织，逐渐参与行政·司法的御家人们也开始学习、模仿这些语言。至少《吃茶养生记》用御家人容易读的语言撰写是事实。相反，如果本书是以具备古典、传统教养的公家为对象撰写的文献，那么以正统汉文为目标的程度就会更高。

附带说一下，即便同是荣西，因为像《兴禅护国论》那样的著作针对佛教界撰写，语汇、文体大相径庭，很难看出上述特征。对此需要另外讨论。

二、《吃茶养生记》源流研究

　　沈冬梅　博士，中国社会科学院历史研究所研究员，中国国际茶文化研究会理事、学术委员会副主任，国务院参事室华鼎国学研究基金会国茶专家委员会委员，中国茶叶学会茶文化咨询专家、茶艺专业委员会委员。中央电视台大型纪录片《茶叶之路》随行专家。主要研究方向有二：中国古代社会文化史，茶文化史。主要研究成果，著作：《茶与宋代社会生活》《浙江通史·宋代卷》《中华茶史·宋辽金元卷》《宋代茶文化》《茶馨艺文》《茶经校注》《茶经》《中国古代茶书集成》《大观茶论（外二种）》等；论文：《茶与酒：两种文化符号的比较研究》《陆羽〈茶经〉的历史影响与意义》《卢仝生平研究》《〈撵茶图〉与宋代文人茶集》《宋代建州贡茶研究》《〈甘露祖师行状〉研究》《〈景德传灯录〉与禅茶文化》《〈禅苑清规〉丛林茶礼研究》《清规考述》《茶何以禅》《浙江宋代佛教与中日茶文化交流》《宋代浙江佛寺与名茶》《宋代杭州人口考辨》《风炉考》《唐五代茶宴述论》《明清时期的澳门茶叶对外贸易》《"茶叶之路"考察报告》(12 篇)、《民国茶业"一带一路"启示录》《联通世界："一带一路"倡议下的茶文化》《唐代贡茶研究》等。

宋代文人与茶文化

沈冬梅

茶，"兴于唐，盛于宋，始为世重矣。"① 茶文化自唐兴起，日渐发展，至宋代发展到农耕社会的极致，正是与宋代文人的作为密切相关。宋代文人是宋代茶文化最主要的创造者、践行者，是宋代茶文化精神内涵的体验者、赋予者。在几乎所有茶文化领域，宋代文人都有很大或相当的作为，甚至可以说，正是宋代文人与茶相关的种种作为，拓展了茶文化的领域，丰富了茶文化的内涵，为中华茶文化做出了无可替代的贡献。

一、宋代文人是茶文化最主要的创造者

陶谷（903—970）《清异录·茗荈门》记录了一些名茶之名，艺茶及饮茶之事，茶的别称、戏称和茶百戏、漏影春等茶艺技术，表明在北宋之初，茶事茶艺及有关茶的观念在社会许多阶层都已较为流行。然而茶事与茶文化在宋代的兴盛却是另有机缘，其原因、背景远较文化一事复杂的多。

北宋太宗即位之初的太平兴国二年（977），"特置龙凤模，遣使即北苑造团茶，以别庶饮。"② 派专使到建州北苑制造帝王专属的龙凤团茶，用特别的刻有龙、凤图案的桊模专门制造贡茶。

宋太宗对贡茶的重视，影响到福建地方政府机构的设置。宋代地方政府的最高一级机构为路，路分帅司路和漕司路，《宋史·地理志》中之路系漕司路即转运使路，首列之州府即为漕司所在。但福建路转运司却设于位列第二的建州，而不在首列之福州。这种例外的情况当与建州北苑贡茶密切相关，因为福

---

① 王象晋《群芳谱·茶谱小序》。

② 熊蕃《宣和北苑贡茶录》。

建漕司的首要任务，就是掌管贡茶之事。

制度的力量虽然隐含不彰，但自丁谓开始的多任福建路转运使，对于太宗这项看似不起眼其实用意深邃的任务心领神会。从此，宋代文人士夫因了北苑官焙贡茶的机缘，以超乎想象的热情，为茶业、茶文化做了超出职责的大量工作。即在职任之外，另有作为，为北苑茶著书立说，鼓吹宣扬北苑茶，使宋代茶文化成为茶文化史上精致、繁盛的典范。

（一）福建路转运使及北苑茶官为北苑贡茶高贵与精致化多方努力，使北苑贡茶成为精致与清尚高贵的代表，成为上品茶的极致与无可超越的典范

丁谓（966—1037）于太宗至道（995—997）年间任福建路转运使[①]，"监督州吏，创造规模，精致严谨。"[②]使龙凤茶制作进贡的制度规范严谨。

图1　蔡襄像

福建人蔡襄（1012—1067）（图1），于仁宗庆历七年（1047）十一月自知福州徙福建路转运使，在太宗诏制的龙凤等茶品之外，又添创了小龙团茶。此前的龙凤茶即被称大龙大凤。大龙茶斤八饼，小龙团茶斤十饼。此后，为舒解仁宗因无子嗣而郁郁寡欢的心情，蔡襄又创增更为精致的曾坑小团，斤二十八饼，总量只有一斤，被旨号为上品龙茶。小龙团茶与上品龙茶开创了北苑贡茶日益精致的先河。

丁谓、蔡襄对北苑贡茶的贡献，得到时人的充分肯定，如苏轼诗云："武夷溪边粟粒芽，前丁后蔡相笼加。"

[①]　诸书目及熊蕃所引都作谓咸平中漕闽，误。雍正《福建通志》卷21《职官》载：转运使"丁谓，至道间任"。再据徐规先生《王禹偁事迹著作编年》考证，至道二年王禹偁在知滁州任内，"有答太子中允、直史馆、福建路转运使丁谓书"；至道三年王禹偁离扬州归阙，"时丁谓奉使闽中回朝，路过扬州，与禹偁同行"。（中国社会科学出版社1982年版第131、144页）足见丁谓漕闽乃在"至道间"。

[②]　晁公武《郡斋读书志》卷一二。

贾青于神宗熙宁（1068—1077）中为福建转运使，"又取小团之精者为密云龙，以二十饼为斤而双袋，谓之双角团茶"①，"熙宁末，神宗有旨建州制密云龙，其品又加于小团矣。"②哲宗绍圣（1094—1097）间将密云龙改为瑞云翔龙。

郑可简于徽宗宣和二年（1120）任福建路转运使，在提高上品贡茶的品质技艺方面独出心裁。此前蔡襄制小龙团而胜大龙茶，元丰（1078—1085）间密云龙又胜小龙团茶，从制茶工艺角度来说都是靠减小茶饼的尺寸来完成的：大龙大凤茶每斤8饼，小龙茶每斤10饼，密云龙每斤20饼③。郑可简不再在茶饼的尺寸上打主意，而将目光集中在原材料的质地上。

宋代贡茶生产在茶叶采摘之后要进行拣茶，这道工序，最后发展成为对茶叶原料品质的等级区分。最高等级的茶叶原料称斗品、亚斗，是茶芽细小如雀舌谷粒者，（又一说是指白茶，白茶天然生成，因其之白与斗茶以白色为上巧合，加上白茶树绝少，因为徽宗对白茶情有独钟，故在徽宗时及其后被奉为最上品）。其次为经过拣择的茶叶，号拣芽，再次为一般茶叶，称茶芽。

郑可简将已准备好制贡茶如雀舌鹰爪般的茶叶芽叶蒸熟之后，抽取茶芽中心如发丝细线般细嫩的一缕，"用珍器贮清泉渍之，光明莹洁，若银线然。"④这种原料称为银线水芽，制成最上品的贡茶龙团胜雪，只是因为徽宗对另一种特殊品种白茶有着个人特别的喜好，所以龙团胜雪仍排名白茶之后。至南宋绍兴（1131—1162）年间，龙团胜雪便列在白茶之前成为贡茶的最上品⑤。此后宋代贡茶再无能出其上者。

郑可简之后，贡茶原料拣芽开始又分三品，倒而叙之依次为：中芽、小芽、水芽。中芽是已长成一旗一枪的芽叶；小芽指细小得像鹰爪一样的芽叶；水芽则是剔取小芽中心的一缕，"用珍器贮清泉渍之"者。

由蔡襄开创的宋代贡茶日益精致化的进程，最终形成了对鲜叶品质的独特追求以及加工工艺的极工尽料，并且在实践中对于鲜叶嫩度的追求就达到了后

---

① 见叶梦得《石林燕语》卷八。案贾青是接替蔡周辅任福建路转运使的，而蔡周辅自福漕徙发运副使在元丰元年十月（见《长编》卷三〇三"元丰元年三月庚申"条小注），则贾青任福漕必在此后，创制密云龙当更在此后。所以熙宁应为元丰之误。

② 见张舜民《画墁录》。《宣和北苑贡茶录》作"元丰间"，周辉《清波杂志》卷四有类似记述，但称熙宁后始重，未言始造于何时。

③ 见《石林燕语》卷八。又王辟之《渑水燕谈录》卷八谓小龙斤20饼，误。

④ 熊蕃《宣和北苑贡茶录》。

⑤ 熊克增补《宣和北苑贡茶录》和姚宽《西溪丛语》对此都有记载。

人再也没有企及过的高度——银线水芽，从原料的角度来看，可谓达到登峰造极无以复加的地步。从此，原料等级成为茶叶品质的第一标准、基础，并且，茶叶原料的等级又决定了以其制成茶叶成品的等级，对于原料鲜叶嫩度的追求成为中国茶业与文化很难撼动的基本原则。

（二）宋代文人为北苑贡茶撰写茶书，使上品茶的观念深入人心，从此经久不衰

北苑茶书之撰始自丁谓，他在督造贡茶的使职之外，专门撰写《北苑茶录》①，"录其园焙之数，图绘器具，及叙采制入贡方式。"②风气既开，此后福建路转运使、建安知州、北苑茶官等任上的官员，多有相继为北苑贡茶撰书立说者。如景德（1004—1007）中任建安知州③的周绛④，著《补茶经》，"以陆羽《茶经》不第建安之品，故补之。又一本有陈龟注，丁谓以为茶佳不假水之助，绛则载诸名水云。"⑤

而蔡襄创制小龙团茶的行为实际得到仁宗皇帝的嘉许和当面询问，蔡襄深谙茶事茶艺，因有感于"陆羽《茶经》不第建安之品，丁谓《茶图》独论采造之本，至于烹试，曾未有闻"⑥，遂于皇祐三年（1051）十一月，写成《茶录》二篇，进呈仁宗皇帝。

丁谓、蔡襄之后，宋代文人为建茶北苑茶写书撰文的热情一直持续不衰，直至南宋后期。从数量上来说，宋代传世及散佚茶书共有三十部，其中有关北苑贡茶的就有十六部，占了其中的一半多，它们是：丁谓《北苑茶录》、蔡襄《茶录》、宋子安《东溪试茶录》、黄儒《品茶要录》、赵佶《大观茶论》、熊蕃《宣和北苑贡茶录》、赵汝砺《北苑别录》、周绛《补茶经》、刘异《北苑拾遗》、吕惠卿《建安茶用记》、曾伉《茶苑总录》、佚名《北苑煎茶法》、章炳文《壑源茶录》、罗大经《建茶论》、范逵《龙焙美成茶录》、佚名《北苑修贡记》。

除了蔡襄《茶录》、赵佶《大观茶论》、吕惠卿《建安茶用记》、佚名《北苑煎茶法》记录或探讨了建安北苑贡茶的煎点之法外，其余十二部茶书都主要

---

① 《郡斋读书志》和马端临《文献通考》作《建安茶录》。

② 《郡斋读书志》卷一二。

③ 熊蕃《宣和北苑贡茶录》中说"景德中，建守周绛为《补茶经》"，陈振孙《直斋书录解题》卷一四说是"知建州周绛撰，当大中祥符间"。案熊蕃谙熟建安茶事，当以其说为较妥。

④ 《康熙溧阳县志》卷三《古迹附书目》中云："《补茶经》，邑人周绛著。"

⑤ 《郡斋读书志》卷一二。

⑥ 见蔡襄《茶录》自序。

叙述建安茶的生产与制作，间或议论茶叶生产制作的工艺与技术对茶汤最后点试效果的影响。如此众多的茶书专门叙述一个地方的茶叶生产制作与点试技艺，这在中外茶文化史上都是绝无仅有。它们使得北苑茶名天下，以北苑茶为代表的上品茶的观念深入人心，从此经久不衰。

宋代文人为茶著书立说，无形间将茶文化的地位大大提升，茶艺成为被全社会所接受的技艺，使茶的文化形象日益提升，茶的文化内涵逐渐明确、界定，使人们对茶的文化性趋向更为普遍的认同。宋代文人所撰著的茶书，为中国茶文化史保存了极具特色的末茶茶艺，他们在茶书及茶艺活动中最重茶叶的观念一直传延至今，成为中国茶文化的最重要特色之一。

二、宋代文人是茶文化的践行主体

（一）宋代文人是宋代茶文化最主要的实践主体

宋代文人热衷于品饮上品茶或精研于茶艺茶事，在日常生活与社会交往中品饮以北苑贡茶为代表的各类名优茶，以茶会友，以茶消永日。并为之写诗撰文、作书绘画，不遗余力地践行茶艺、茶事与相关文化、宣扬茶文化。

对北苑贡茶的崇尚与赞赏纵贯两宋，如欧阳修在《龙茶录后序》中称"茶为物之至精，而小团又其精"[①]，王禹偁《龙凤茶》所得赐龙凤贡茶"样标龙凤号题新……香于九畹芳兰气，圆似三秋皓月轮"[②]，蔡襄《北苑十咏·北苑》称北苑茶"灵泉出地清，嘉卉得天味"，林逋《烹北苑茶有怀》赞北苑茶"人间绝品应难识"[③]。而全国各地的名茶特别是像蒙顶、天台茶等历史名茶，则始终受到追捧，如文同《谢人寄蒙顶新茶》赞蒙顶茶："蜀土茶称圣，蒙山味独珍"[④]，宋祁的《甘露茶赞》赞甘露茶"厥味甘极"、《答天台梵才吉公寄茶并长句》赞天台茶"佛天甘露流珍远"[⑤]，欧阳修《双井茶》[⑥]诗，则同时称赞了当时的一些名茶，如杭州的宝云、越州的日铸、洪州的双井，等等。这些诗文，表明宋代文人是上品茶的坚定追求主体，而由文人主体带动并影响的对上品茶的崇尚与追求，正是中国特色的茶文化的主导行为与核心价值观。

---

① 《居士外集》卷一五。

② 《小畜集》卷八。

③ 分见《全宋诗》卷三八六、卷一〇八。

④ 文同《丹渊集》卷八。

⑤ 见宋祁《景文集》卷四七、卷一八。

⑥ 《全宋诗》卷二九〇。

琴棋书画，为中国古代文人四艺，与茶结合之后，更显清丽风雅。后人曾有以"琴棋书画诗酒茶"与"柴米油盐酱醋茶"相对，来指代描述文化生活与日常生活。然而由于茶本身兼具物质与文化特性，故而作为物质消费形式的茶饮，在"琴棋书画诗酒茶"的诸种文化生活中，成为一种同样具有文化性的伴衬，诸般文人的风雅情趣生活都与茶联系在了一起，茶成为宋代文人士大夫闲适社会日常生活中的赏心乐事之一。

听琴饮茶，甚为清雅，如梅尧臣《依韵和邵不疑以雨止烹茶观画听琴之会》："弹琴阅古画，煮茗仍有期"①；陆游《岁晚怀古人》："客抱琴来聊瀹茗，吏封印去又哦诗"，《雨晴》："茶映盏毫新乳上，琴横荐石细泉鸣。"②

品茶弈棋，如黄庭坚《雨中花·送彭文思使君》词有句曰："谁共茗邀棋敌？"③陆游《秋怀》："活火闲煎茗，残枰静拾棋。"《六言》之四："客至旋开新茗，僧归未拾残棋。"《山行过僧庵不入》："茶炉烟起知高兴，棋子声疏识苦心。"④吴则礼《晚过元老》："煮茗月才上，观棋兴未央"，品茗观棋，兴味盎然。烹茶品茗、弈棋娱乐、吟咏唱和，如李光就因聚会烹茗弈棋写有《二月九日北园小集，烹茗弈棋，抵暮，坐客及予皆沾醉，无志一时之胜者，今晨枕上偶成鄙句，写呈逢时使君并坐客》《十月二十二日纵步至教谕谢君所居，爱其幽胜，而庭植道源诸友见寻，烹茗弈棋小酌而归，因成二绝句》诗⑤。

饮茶观画，饮茶试墨书法，都是为宋代文人们所称道的清雅情趣，如前引梅尧臣《依韵和邵不疑以雨止烹茶观画听琴之会》："弹琴阅古画，煮茗仍有期"，琴、茶、画三者兼而有之；苏轼《龟山辨才诗》："尝茶看画亦不恶，问法求师了无碍"⑥；陆游《闲中》："活眼砚凹宜墨色，长毫瓯小聚香茗"⑦，则是品茗试墨写书法。而以茶为主题作画，将与茶相关的商旅、市肆及种种社会风俗入画，也是宋代茶事文化活动的重要内容。从徽宗赵佶的《文会图》，到刘松年的《撵茶图》《茗园赌市图》等画作，不仅反映了宋代社会各阶层的饮茶及相关文化活动和风俗，也还为茶文化史保存了大量鲜活的宋代茶文化内容。

---

① 《全宋诗》卷二五七。

② 《剑南诗稿》卷一八、卷二四。

③ 《全宋词》第一册第 387 页。

④ 《全宋诗》卷一四二七。

⑤ 《全宋诗》卷一四二五、一四二七。

⑥ 《全宋诗》卷八〇七。

⑦ 《剑南诗稿》卷三〇。

宋人所写茶诗，更是不胜枚举，只陆游一人，便作有与茶相关的诗约三百首。而茶诗如此之多，可从徐玑《赠徐照》诗句"身健却缘餐饭少，诗清都为饮茶多"①，明其究竟于其一。茶的精俭之性、至寒之味，清新了诗，清丽了诗。而实在最根本的，是茶清纯平和淡泊了诗人的心，诗人才得以最本真的生命情感，感触自然，感受生活，感觉所有美好的事物与情绪，咏之以歌，诵之以诗。

茶酒有别，宋人一般都"爱酒不嫌茶"②，常在不同的情境下分别饮酒饮茶，如陆游《戏书日用事》："寒添沽酒兴，困喜硙茶声。"宋人一般在酒后饮茶，如李清照《鹧鸪天》："酒阑更喜团茶苦③。"因为茶能解酒，"遣兴成诗，烹茶解酒"④，酒后饮茶可以增加聚会的时间，将欢乐的时光留住并延长："歌舞阑珊退晚妆。主人情重更留汤。冠帽斜欹辞醉去，邀定，玉人纤手自磨香。"⑤而既饮酒又喝茶则一种悠闲自得生活的象征："懒散家风，清虚活计，与君说破。淡酒三杯，浓茶一碗，静处乾坤大。"⑥

至于茶与花，虽然唐人有花下饮茶"煞风景"之说⑦，但宋人已不再这么认为。宋代人们以花下饮茶为更雅之事。如邹浩《梅下饮茶》："不置一杯酒，惟煎两碗茶。须知高意别，用此对梅花。"邵雍《和王平甫教授赏花处惠茶韵》："太学先生善识花，得花精处却因茶。万香红里烹余后，分送天津第一家。"⑧

而就与茶文化具体相关的活动而言，陶谷雪水泡茶，蔡襄善别茶，叶清臣、欧阳修善鉴水，蔡襄与苏舜元斗茶斗水，唐庚斗茶，蔡襄、陆游、范成大玩习茶艺，刘松年绘茶画，等等，都为中国茶文化增添了别具情致、别开生面的内容，成为后世描摹、吟咏的对象，其中很多成为茶文化史的典故、文化原型和艺术创作中的母题。

---

① 徐玑《二薇亭诗集》。

② 白居易《萧庶子相过》，《全唐诗》卷四五〇。

③ 《全宋词》第二册第 929 页。

④ 葛长庚《酹江月·春日》，《全宋词》第四册第 2584 页。

⑤ 黄庭坚《定风波·客有两新鬟善歌者，请作送汤曲，因戏前二物》，《全宋词》第一册第 403 页。

⑥ 葛长庚《永遇乐》，《全宋词》第四册第 2574 页。

⑦ 邢凯《坦斋通编》记唐李义山《杂纂》谓杀风景之事有"对花点茶"。今本《杂纂》无此。

⑧ 分见《全宋诗》卷一二四四、卷三六八。

（二）宋代文人使用并推介多种宜于点茶法的器具，精研点茶法，使点茶法成为宋代主导的饮茶方式，促进了茶具的专门化与多样化

在唐代，陆羽《茶经》设计煮茶法整套茶具二十四器，推介清饮的煮茶法，使煮茶法成为唐代主流饮茶方式，并使饮食共具的茶具开始了专门化的进程。宋代文人使用并推介多种宜于点茶法的器具，使点茶法成为宋代主流饮茶方式，同时在实际生活中使用多种特质的茶具，促进了茶具的专门化与多样化，并为中国茶具历史留下独特的审美情趣。

蔡襄《茶录》分为上下二篇，下篇论茶器具，分茶焙、茶笼、砧椎、茶钤、茶碾、茶罗、茶盏、茶匙、汤瓶九条，专门讲述宜于点茶法的专门器具九种，从点茶法的角度论述了一应的器具及其对于茶叶保藏及对最终点试茶汤的效果的作用与影响。徽宗《大观茶论》论列茶器具六种：碾、罗、盏、筅、瓶、杓（另有一种藏茶竹器未列目）。相较《茶经·四之器》中的二十四器而言，蔡襄《茶录》、徽宗《大观茶论》中的茶具大为简略，对于辅助、附属性用具尽量从略，绝大多数茶具都集中在茶饮茶艺活动的三个基本要素——茶叶（之藏、炙、碾、罗）、用水（之煮器）及点茶（之茶匙／茶筅、茶盏）上，表明宋代茶艺用具的特性与两宋社会的幽雅之风的高度一致性，表明宋人的关注集中在茶饮茶艺活动的自身。其中砧椎、茶盏、茶匙（北宋中后期改为茶筅）、汤瓶诸项，都是点茶法的专门器具。在中国茶具发展的历史中，对茶具专门化的进程是一项重大促进。

宋代末茶点饮技艺，从器、水、火的选择到最终的茶汤效果，都很注重感官体验和艺术审美，在茶文化发展的历史进程中有着独步天下的特点。陆羽《茶经》论宜用茶碗之釉色，以青瓷为上，以"越瓷青而茶色绿"，故"青则益茶"，青瓷能够映衬绿色茶汤，有中庸和谐之美。宋代上品茶点成后的茶汤之色尚白，青瓷、白瓷对其色都缺乏映衬功能，只有深色的瓷碗才能做到，深色釉的瓷器品种有褐、黑、紫等多种，宋代茶具选择了黑色釉盏却是受蔡襄的影响，他在《茶录》中断言："茶色白，宜黑盏，建安所造者绀黑，纹如兔毫……最为要用。出他处者，或薄或色紫，皆不及也。其青白盏，斗试家自不用。"徽宗在《大观茶论》中进一步明确表明取用黑釉盏是因其能映衬茶色："盏色贵青黑，玉毫条达者为上，取其焕发茶采色也。"从此取用黑釉茶盏成为宋代点茶茶艺中的定式。深重釉色的碗壁，映衬着白色的茶汤，这种强烈反差对比的审美情趣在中国古代是不多见的，独具时代特色。而在烧制过程中，盏面形成的兔毫、油滴、坩埚、鹧鸪、曜变等釉斑纹饰，则又使得原本深重的釉色，有了舞动灵动之感。如蔡襄所收藏的十枚兔毫盏，"兔毫四散其中，凝然作双蛱蝶状，熟视若舞动，每宝惜之。"①釉斑纹饰在深重釉色中的舞动之感，增加了中国茶具审美的多样性和审美层次的饱满丰富。

宋代文人是鉴赏收藏新款茶具的主力军，如上述蔡襄收藏兔毫盏；此外苏轼很喜欢建州所产的茶臼，专札向陈季常借来观摩，好托人至建州按图索骥去购买一副②；黄庭坚喜欢椰壳做的茶具，可谓别具情致③；文彦博、邵雍等人诗文中所记的石制茶具④，等等，表明了宋代茶具发展的多样性。

三、宋代文人是宋代茶文化的精神内涵的体验者、赋予者

宋代文人是宋代茶文化内涵的赋予者与体验者，由于茶叶兼具物质与精神的双重属性，既可以寄情，又可以托以言志，宋代文人以茶喻人，将他们的人生体验与感悟，寄之于茶，为宋代茶文化注入并提升了众多的精神文化内涵。

宋儒讲格物致知，从不同的事物中领悟人生与社会的大道理，宋代文人也从茶叶茶饮中省悟到不少的人生哲理。茶的清俭之性为众多文人作比君子之性，他们常以茶砺志修身，以茶明志讽政。同时他们对茶性的认识也从微小处折射出他们对人生与社会的根本态度。

宋代禅宗、儒学与茶文化结缘日深，宋代禅宗的核心是"直指人心，见性成佛"，与宋儒倡导的"格物致知"内在精髓颇为一致。僧徒们以茶参禅，有心向禅的文人们也以茶悟禅。"禅机""茶理"逐渐相融，茶为宋代文人士夫感情生命抒发情感，提供了深厚的文化背景和重要凭藉。

（一）以茶喻君子秉性

陆羽在《茶经》中言茶之为饮"最宜精行俭德之人"，首次人将茶与人的美好品性联系在一起，至宋代文，将茶与君子的秉性更明确地联系在一起。

欧阳修（1007—1072）（图2）是北宋时期著名政治家、文学家、史学家，对北宋文风转变有很大影响。仁宗时参与"庆历新政"，范仲淹等新政人物相

---

① 蔡绦《铁围山丛谈》卷六。文渊阁本四库全书"舞"作"无"，别本或作"生"。中华书局1983年版冯惠民、沈锡麟点校《铁围山丛谈》将此条点作"茶瓯十，兔毫四，散其中"，误，乃不知有所谓兔毫盏者。

② 见苏轼《新岁展庆帖》，北京故宫博物院藏。

③ 见《山谷集》卷八《以椰子茶瓶寄德孺二首》。

④ 分见《全宋诗》卷二七三文彦博《彭门贤守器之度支（赵鼎）记余生日过形善祝并惠黄石茶瓯怀素千字文一轴辄成拙诗仰答来意》，《全宋诗》卷三六七邵雍《代书谢王胜之学士寄莱石茶酒器》。

图 2　欧阳修像

继被贬时，欧阳修上书分辩，被指为"朋党"，被贬出朝。神宗熙宁年间王安石实行变法，欧阳修对青苗法有所批评，再度出朝。欧阳修平素喜欢饮茶，在《双井茶》诗中通过茶感悟人情事理，看到双井茶对草茶名品宝云茶、日注茶的超越，固然部分是因为双井茶的品质优越，然而其中也不无"争新弃旧"世态人情的原因。随之笔锋一转，写道："岂知君子有常德，至宝不随时变易。"虽然争新弃旧是人情常态，但是对于固守原则与基本道德规范的君子而言，他所坚持的操守是不会随着世俗喜好的变化而变易的。从茶这一角度来说，宋代最好的茶，仍然是建州的龙凤团茶，它的品质、风味一直保持不变，犹如君子之性。

　　苏轼一生荣辱相继坎坷颠沛，幸好一直有茶相伴。苏轼一生，或因任职或遭贬谪，到过许多地方，每到一处，凡有名茶佳泉，他都悉心品尝。在品尝之馀，苏轼写下众多的茶诗词文，既写下了他对饮茶一道的独得之秘，更记录了他的生命情感与人生感悟。在《次韵曹辅寄壑源试焙新芽》诗中，更是将好茶与佳人作比："要知玉雪心肠好，不是膏油首面新"[1]，因为佳人之美在于其雪清玉洁的本质，而不可能靠膏油粉妆涂抹而成。苏轼还为茶写了一篇拟人化的记传作品《叶嘉传》，以茶为描摹对象，刻画了一个胸怀大志，资质刚劲，风味恬淡，厉志清白的君子形象（图3）。

（二）以茶比类文人情怀和忠臣行为

　　王禹偁（954—1001）是北宋初期著名政治家、文学家、史学家，平素喜茶，饮茶为其不可少的一种生活内容。王禹偁一生中三次受到贬官的打击，曾

①《全宋诗》卷八一五。

图 3　苏轼像

图 4　范仲淹像

写《三黜赋》，申明自己坚守正直仁义刚强不折的信念。并曾于太宗至道三年（997）贬知扬州时作《茶园十二韵》以茶明志："沃心同直谏，苦口类嘉言。未复金銮召，年年奉至尊。"[1] 扬州土贡新茶，是扬州刺史职责之一，王禹偁勤勉从事，表示在被召回京城之前都会年年认真修贡。同时在描述茶的特性之时，托物拟人，以茶寓意，抒发自己的情怀和抱负："沃心同直谏，苦口类嘉言。"好茶入口苦而回味甘，五代吴越人皮光业最耽茗事，曾有诗句"未见甘心氏，先迎苦口师"[2]，称茶为苦口婆心的良师。王禹偁把茶比作苦口的良药，就像用意良善的直言规劝、抗言直谏，能够启沃人心，表明自己不惧打击，坚持苦口良言沃心直谏的意志。

范仲淹（989—1052）是北宋著名政治家、文学家（图4），从小勤奋好学，胸怀远大政治抱负，常以天下为己任。宋仁宗景祐元年（1034）谪守睦州（桐庐郡）时，曾与幕职官章岷诗歌唱和，写了长诗《和章岷从事斗茶歌》，其

---

① 《小畜集》卷十一。

② 陶谷《清异录·茗荈门·苦口师》。

中有句云："众人之浊我可清，千日之醉我可醒"①，借茶表明了自己的志向与理想。以茶可以清醒"众人之浊"和"千日之醉"的特性，表明自己经理世事的理想。历经人生几起几落，庆历新政失败后范仲淹再度被贬官，离开京城。两年后，他应同样遭贬出京任岳州知州滕子京之约请，为其重修的岳阳楼作记，写下传颂千古的名篇《岳阳楼记》。范仲淹在文中认为个人的荣辱升迁应置之度外，"不以物喜，不以己悲"，而要"先天下之忧而忧，后天下之乐而乐"。表现出作者虽然遭受迫害身居江湖之远，仍然心忧国事不放弃理想的理念，以及作为一个正直的士大夫立身行事的准则。将"众人之浊我可清，千日之醉我可醒"所表达的消除众人污浊和千日沉醉的理念提升到了极致。

北宋著名文学家晁补之（1053—1110），为"苏门四学士"之一。晁补之在《次韵苏翰林五日扬州石塔寺烹茶》诗中写道："中和似此茗，受水不易节"②，赞叹苏轼心中一直保持着中正平和，遇到种种挫折也不改平生节操志向，就像茶一样，遇水不变本色。

（三）以茶理悟人生，参悟禅理

南宋著名的理学家和教育家朱熹（1130—1200）（图5），是程朱学派的主要代表，宋朝理学的集大成者，完成了宋代理学体系。在潭州岳麓书院、武夷山"武夷精舍"等书院，广召门徒，传播理学，讲学以穷理致知、反躬实践以及居敬为主旨。日常生活中触目可及的茶，也被朱熹用来讲要从寻常物上格物致知。比如用茶只一味，来讲"理一"："如这一盏茶，一味是茶，便是真，才有些别底滋味，便是有物夹杂了，便是二。"又比如用茶讲天理人欲是随时随地讲求的："天理人欲只要认得分明，便吃一盏茶时，亦要知其孰为天理、孰为人欲。"③

图 5　朱熹像

---

① 《全宋诗》卷一六五。

② 《坡门酬唱集》卷十二。

③ 分见《朱子语类》卷十五《大学二》、卷三六《论语十八》。

二、《吃茶养生记》源流研究

又曾以茶之物理格物致知比喻社会人生："先生因吃茶罢，曰：物之甘者，吃过必酸，苦者吃过却甘。茶本苦物，吃过却甘。问：此理如何？曰：也是一个道理，如始于忧勤，终于逸乐，理而后和。盖礼本天下之至严，行之各得其分，则至和。又如'家人嗃嗃，悔厉吉；妇子嘻嘻，终吝'，都是此理。"①

苦后甘回味无穷是茶的物性，宋代饮茶之风盛行，但茶的这一物性却未必人人都能自觉体味。朱熹信手拈来，首先能马上唤起人们的生活体验，接着，朱熹从茶所蕴藏的甘与苦的辩证物性，推导开去到社会人生"始于忧勤，终于逸乐，理而后和"的辩证道理，也当较易为人们接受。礼是天下最严肃的事，如果人们能够严格地按礼来行事，则可以达到最和睦融洽。就像《易·家人》所言："九三，家人嗃嗃，悔厉吉。妇子嘻嘻，终吝。"非常严酷的人，一旦悔恨其过严，犹保其吉。而平时嘻嘻哈哈的人，最终结果则是悔恨或遗憾的。总之，这些都和"茶本苦物，吃过却甘"的道理一样。

黄庭坚（1045—1105）（图6），北宋著名诗人、词人、书法家，宋四家之一，一生好饮茶，饮茶带给他身心的极度愉悦。他是北宋佛教居士的名家，与当时很多的文人士夫心态一样，研佛习禅是为了学习佛法，修行自身，寻求心灵的解脱，完善道德，并藉以辅助艺术创作。黄庭坚喜茶习禅，自然而然的，将茶与佛法禅理融于诗中。在《寄新茶与南禅师》诗中，借茶问法求道："石钵收云液，铜甁煮露华。一瓯资舌本，吾欲问三车。"在《送张子列茶》诗中将佛法与茶相联系，从而得出人生的感悟。"斋馀一椀是常珍，味触色香当几尘"，佛家有"六尘"说，饮茶有味、触、色、香诸尘；"借问深禅长不卧，何如官路醉眠人"，饮茶而长时间坐禅不眠，此等清净境界，哪是在官路上奔波营求而喝酒醉眠的人能够相比

图 6　黄庭坚像

————————
① 《朱子语类》卷一三八《杂类》。

的呢①。黄庭坚目睹苏轼的几起几落及至最后的长贬天涯，自己也因《神宗实录》被贬涪州等地，他从茶饮得出深切的人生感悟。

黄庭坚《了了庵颂》末二句"若问只今了未，更须侍者煎茶"②，很像是《五灯会元》之类僧史著作中的求法问答。"若问只今了未？"极类于"如何是祖师西来意？""如何是教外别传底事？""如何是平常心合道？"等禅门中涉及佛法大义的终极追问。"更须侍者煎茶"，则完全是禅师们对这些大问题的"吃茶去"式的回答。在黄庭坚这样信佛修禅的茶人这里，佛法禅机尽在一盏茶中。

① 《山谷集·外集》卷十三、卷十四。
② 《山谷集》卷十五。

黄杰 河南信阳人，祖籍江西丰城。1989年郑州大学汉语言文学专业文学学士毕业，1994年杭州大学（浙江大学）中国古代文学硕士毕业，2003年浙江大学中国古代文学博士毕业，2008年复旦大学中国语言文学博士后出站。现任浙江大学人文学院艺术学系副教授，主要从事中国唐宋元文学与美术、茶文化等的教学与研究。研究与创作并举，出版专著《宋词与民俗》（商务印书馆2005）等，发表学术论文四十余篇，发表旧体诗词五十余篇，与茶文化相关的论文有《论宋人汤词熟水词》《两首宋人茶词所记茶事考》等。曾于韩国东国大学访学一年。专著《宋词与民俗》获2006年浙江大学董氏奖、2006年浙江省高校科研成果奖、2008年浙江省社科联优秀科研成果奖三等奖、2007年浙江省人民政府浙江省第十四届哲学社会科学优秀成果奖。主编《郁达夫全集》之诗词卷，2011年3月集体荣获第二届中国出版政府奖图书提名奖。主编《陈从周全集》诗词卷，2017年6月集体荣获第四届中国出版政府奖图书提名奖，2015年4月集体荣获第五届中华优秀出版物提名奖。学术兼职有中国词学研究会理事、浙江社会科学研究院浙词研究中心研究员、浙江省诗词与楹联学会学术部部委。

茶通仙：两宋茶诗词中所反映的茶道与道教的渊源关系 *

黄杰

    道教徒努力追求的根本目标就是仙，即长生不死，言道教，也就是在言长生不老。道教认为，得法的修炼，可以成仙。《上清黄庭内景经·仙人章第十八》："仙人道士非有神（修学以得之也），积精累气以成真。"① 修炼有导引调息、服食丹药等各类方法，而丹尤其重要，所谓"长生之事，功由于丹"②，唐宋以来，又分为外丹、内丹之法。外丹即丹药，内丹则是以人身为丹鼎，使精运神，炼成内丹。所谓"人人本有长生药，自是愚痴枉把抛"③，"时人要识真铅汞，不是凡砂及水银"④。比之外丹，内丹相对安全得多，流行更广，宋代还逐渐形成了内丹的南宗和北宗。其目的无非是飞升上界，位列仙班，长生久视。

    茶因为有着非凡的功用，很早就与神仙有了关联。唐陆羽《茶经·七之事》所引录之与神仙有关者就有 6 条，如引陶弘景《杂录》："苦茶轻换骨，昔丹丘子青山君服之。"而能够"轻换骨"，则茶无异于丹药。最先将这种意象写入诗中的是唐李白《答族侄僧中孚赠玉泉仙人掌茶》："茗生此中石，玉泉流不歇。根柯洒芳津，采服润肌骨。丛老卷绿叶，枝枝相接连。曝成仙人掌，似拍洪崖肩。"⑤ 而将这种意象写得出神入化，则是唐卢仝《走笔谢孟谏议寄新茶》，其中描写饮茶后的惬意的诗句："唯觉两腋习习清风生。蓬莱山，在何处？玉

---

  * 浙江大学中央高校基本科研业务费专项资金资助。

  ① 宋张君房纂辑《云笈七签》卷 12，《三洞经教部经》，第 66 页，华夏出版社，1996 年。

  ② 宋张君房纂辑《云笈七签》卷 13，《内丹部·太清神丹中经叙》。

  ③ 宋张伯端撰，宋翁葆光注，元戴起宗疏《紫阳真人悟真篇注疏》卷 2，《道藏》本，文物出版社，上海书店，天津古籍出版社影印，1988。

  ④ 宋张伯端撰，宋翁葆光注，元戴起宗疏《紫阳真人悟真篇注疏》卷 3，《道藏》本。

  ⑤ 清彭定求等编《全唐诗》卷 178，第 1817—1818 页，中华书局，1960。

川子，乘此清风欲归去。山上群仙司下土，地位清高隔风雨"，①简直是贯穿了两宋诗人的饮茶生活，直至今天仍是茶道的经典。

两宋的茶诗人承此，几乎到了言茶即言仙道的地步，而又有更多的诗意的补充。如宋真山民《修真院访崔道士》：

> 竹扉苍藓墙，林下小丹房。
> 风定香烟直，月斜帘影长。
> 瀹茶泉味别，点易露痕香。
> 安得栖尘外，求师却老方。②

陆游《道室夜意》言夜中煎茶读仙经，斋心闭目，以求长生的惬意：

> 寒泉漱酒醒，午夜诵仙经。
> 茶鼎声号蚓，香盘火度萤。
> 斋心守玄牝，闭目得黄宁。
> 寄语山中友，因人送茯苓。③

赵师秀《喜徐道晖至》："嗜茶身益瘦，兼恐欲通仙。"④仇远《次萧饶州韵》其三："酒杯时乐圣，茶椀欲通仙。"⑤吕陶《答岳山莲惠茶》："春芽不染焙中烟，山客勤勤惠至前。洗涤肺肝时一啜，恐如云露得超仙。"⑥郭祥正《谢君仪寄新茶二首》其二："北苑藏和气，生成绝品茶。岂宜分旅馆，只合在仙家。"⑦均言茶能通仙。

现存 4 600 余首两宋茶诗词记载了大量的茶道信息，深刻反映了茶道与道教的渊源关系，也深刻反映了茶道诞生的中华文化背景。兹论如下。

一、以茶为外丹

以茶为外丹，即以茶为丹药。苏轼《游诸佛舍一日饮酽茶七盏戏书勤师壁》："何须魏帝一丸药，且尽卢仝七碗茶。"⑧直接把茶当作灵丹妙药。黄庚

---

① 《全唐诗》卷 388，第 4379 页。

② 《全宋诗》卷 3434，第 40868 页，北京大学出版社，1998 年。

③ 《全宋诗》卷 2162，第 24451 页。

④ 《全宋诗》卷 2841，第 33851 页。

⑤ 《全宋诗》卷 3680，第 44191 页。

⑥ 《全宋诗》卷 670，第 7826 页。

⑦ 《全宋诗》卷 769，第 8917 页。

⑧ 《全宋诗》卷 793，第 9187 页。

《赠通玄观道士竹乡》："通玄道士苦修行，坐见桑田几变更。云屋苔封烧药灶，风林花落煮茶铛。"①亦将药与茶对举。

李光《饮茶歌》则言茶胜丹药：

> 轻身换骨有奇功，一洗尘劳散昏俗。
> 卢仝七盌吃不得，我今日饮亦五六。
> 修仁土茗亦时须，格韵卑凡比奴仆。
> 客来清坐但饮茶，壑源日铸新且馥。
> 炎方酷热夏日长，曲糵薰人仍有毒。
> 古来饮流多丧身，竹林七子俱沉沦。
> 饮人以狂药，不如茶味真。
> 君不见古语云，欲知花乳清泠味，须是眠云卧石人。②

洪咨夔《作茶行》："碧瑶宫殿几尘堕，蕊珠楼阁妆铅翻。慢流乳泉活火鼎，淅瑟微波开溟涬。"③范心远《题云溪庵》："云溪高隐卧烟霞，默饮阳晶与月华。雾敛丹台生瑞草，云收灵腑结琼葩。青龙吐火烹金茗，白虎跑泉溅玉芽。龙虎媾交功九转，刀圭一粒捧丹砂。"④将碾茶、煎茶比做炼丹。郑清之《育王老禅屡惠佳茗比又携日铸为饷因言久则味》："摘鲜封裹须焙芳，湿蒸为寇防侵疆。朝屯暮蒙要微火，九转温养如丹房。育王老慧老茶事，新授秘诀乃如此。"⑤则记载育王老僧焙茶如炼丹。

二、将饮茶比为炼内丹

此指的是将饮茶的过程比喻为炼内丹。白玉蟾（葛长庚）《茶歌》有：

> 吾侪烹茶有滋味，华池神水先调试。
> 丹田一亩自栽培，金翁姹女采归来。
> 天炉地鼎依时节，炼作黄芽烹白雪。
> 味如甘露胜醍醐，服之顿觉沉疴苏。
> 身轻便欲登天衢，不知天上有茶无。⑥

① 《全宋诗》卷 3637，第 43589 页。
② 《全宋诗》卷 1422，第 16399 页。
③ 《全宋诗》卷 2895，第 34580 页。
④ 《全宋诗》卷 3766，第 45418 页。
⑤ 《全宋诗》卷 2898，第 34624 页。
⑥ 《全宋诗》卷 3140，第 37656 页。

其中"华池神水",在道教中意义有多种,可指口内舌下津液,也可指心性等。这里应是心性之意。白玉蟾本人《丹法参同七鉴》中的解释:"华池:心源性海,谓之华池。神水:性犹水也,谓之神水。"[①]

在外丹中,铅(Pb)被称为金翁、金公,炼铅所得精华为黄芽等;朱砂及炼朱砂所得汞(Hg)(水银)为姹女、白雪等。在内丹中,铅(金翁、黄芽等)所指则为元精(真精、肾精),即坎(水)中阳,为太阴月华所生;朱砂及炼朱砂所得汞(水银、姹女、白雪等)为元神(心气、心神),即离(火)中阴,为太阳日精所生。紫阳真人张伯端曰:"日居离位反为女,坎配蟾宫却是男。不会个中颠倒意,休将管见事高谈。"[②]而在内丹中,黄芽、白雪更指虚无寂静的境界,张伯端《金丹四百字》:"虚无生白雪,寂静发黄芽。玉炉火温温,金鼎飞紫霞。"[③]宋张伯端《悟真篇》:"黄芽白雪不难寻,达者须凭德行深。"[④]白玉蟾《丹法参同七鉴》:"黄芽:心地开花,谓之黄芽。白雪:虚室生白,谓之白雪。"[⑤]

"丹田",为人脐下三寸处。其"天炉地鼎",指以人身为鼎器养炼。宋周无所住《金丹直指·或问》:"炉鼎药物,其义云何?答曰:炉鼎以身譬之,药物以心中之宝喻之。身外无心,心外无宝,岂离此心而求药物,舍此身而觅鼎炉,所以道不远人,而人自远耳。桓真人云:心天本是六虚干,身中自有无限火符。紫阳张真人云:心属干,身属坤,故曰乾坤鼎器。"[⑥]

因此,此词实际是个谜语。面上说首先要讲究调试好烹茶用的水,烹茶才有滋味。采来自家种的茶,烹制成溢出雪乳的茶汤,饮用后身轻欲登天,可又担心上了天之后,再喝不上茶了。实际的意思则是:炼内丹,先要调节好心性,再调适好丹田之气,采来肾精与心气为药,以丹田为炉,以头(心气元神之所)为鼎,达到虚无寂静的境界,炼成真精玉液之内丹。其味如甘露,胜过醍醐,服之顿觉沉疴都消散,身轻欲登仙。

王千秋《风流子·夜久烛花暗》:"清风生两腋,尘埃尽,留白雪、长黄

① 宋白玉蟾《海琼传道集·丹法参同七鉴》,《道藏》本,文物出版社,上海书店,天津古籍出版社影印,1988年。

② 宋张伯端撰,宋翁葆光注,元戴起宗疏《紫阳真人悟真篇注疏》卷4,《道藏》本。

③ 宋张伯端撰,明陆西星测疏《紫阳真人金丹四百字测疏》,《藏外道书》本,巴蜀书社,1992年。

④ 宋张伯端撰,宋翁葆光注,元戴起宗疏《紫阳真人悟真篇注疏》卷3,《道藏》本。

⑤ 宋白玉蟾《海琼传道集·丹法参同七鉴》,《道藏》本。

⑥ 宋周无所住《金丹直指》,《道藏》本。

芽。解使芝眉长秀，潘鬓休华。"亦言饮茶，使津液元气增多，如同炼了内丹。

　　夏元鼎《西江月·送腊茶答王和父》："先天一气社前升。唉出昆仑峰顶。要得丁公煅炼，飞成宝屑窗尘。"其"先天一气社前升"，即春社日前的元气。其"昆仑峰顶"，即道家内丹之泥丸、上丹田，位于人体的最高处头顶。"丁公"，即火。"窗尘"，即明窗尘，为化作粉尘的丹药。汉魏伯阳《周易参同契》："三物相含受，变化状若神。下有火阳气，伏蒸须臾间。先液而后凝，号曰黄舆焉。岁月将欲讫，毁性伤寿年。形体为灰土，状若明窗尘。"①五代后蜀彭晓注曰："金母始因太阳精气伏蒸遂能滋液而后凝结，是名黄舆焉。以至周星阴阳五行功考互满，退位藏形，尽归功于黄帝土德也，故云毁性伤寿年，归土德而化土，则精神状若明窗尘也。"②宋朱熹注："此是第二变也。"均言炼成的丹药，随着时间推移，变成闪烁之明窗尘状。③宋张伯端《悟真篇》有《西江月》词，描写了内丹的养炼过程："二八谁家姹女？九三何处郎君？自称木液与金精，遇土却成三性。便假丁公锻炼，夫妻始结欢情。河车不敢暂停留，运入昆仑峰顶。"④"姹女"，前已有释，为汞，为木、为木液；"郎君"亦指铅，为金、为金精；"河车"为精气运行的过程。可见，夏元鼎的这首茶词也是把茶与炼内丹相比类。

　　白玉蟾还有一首专门展现炼内丹过程的著名的《沁园春》词，稍作对比，就可以发现它与以上茶诗词的一致性：

> 要做神仙，炼丹工夫，譬之似闲。
>
> 但姹女乘龙，金公御虎，玉炉火炽，土釜灰寒。
>
> 铅里藏银，砂中取汞，神水华池上下间。
>
> 三田内，有一条径路，直透泥丸。
>
>
> 一声雷震昆山。
>
> 真橐钥、飞冲夹脊关。
>
> 见白雪漫天，黄芽满地，龟蛇缭绕，乌兔掀翻。
>
> 自古乾坤，这些坎离，九转烹煎结大还。
>
> 灵丹就，未飞升上阙，且在人寰。⑤

①② 五代后蜀彭晓《周易参同契通真义》卷上，文渊阁四库全书本。
③ 宋朱熹撰《周易参同契考异·上篇》，文渊阁四库全书本。
④ 宋张伯端撰，宋翁葆光注，元戴起宗疏《紫阳真人悟真篇注疏》卷7，《道藏》本。
⑤ 唐圭璋编《全宋词》，第2587页，中华书局，1965年。

当然，还有一种不明说的内丹。白玉蟾《张道士鹿堂》："清梦绕罗浮，羽衣延我游。新茶寻雀舌，独芋煮鸥头。春鹤饮药院，夜猿啼石楼。丹炉犹暖在，聊为稚川留。"①白玉蟾《卧云》："满室天香仙子家，一琴一剑一杯茶。羽衣常带烟霞色，不惹人间桃李花。"②借饮茶之意境，抒写精神之逍遥，如闲云野鹤，快人心神。

三、饮茶后之飞升游仙

两宋言饮茶后的神清气爽，几乎没有不用飞升游仙的比喻的，所在即是，可以说根本就无需劳烦举出哪一首来说明。所谓"建溪有灵草，能蜕诗人骨"③，所谓"华堂饮散纤纤捧，气爽神清作地仙"④……

需要注意的却是两宋茶诗词言飞升游仙意象的丰富多样，反映了道教对茶道的深刻影响。道教一代宗师张继先《恒甫以新茶战胜因咏歌之》："人言青白胜黄白，子有新芽赛旧芽。龙舌急收金鼎火，羽衣争认雪瓯花。蓬瀛高驾应须发，分武微芳不足夸。"⑤承卢仝之意，言飞升到蓬莱，固不足为奇。释文珦《焙茶》："异荈云边得，山房手自烘。颇思同陆羽，全觉似卢仝。孤阅当先破，仙灵更可通。蓬莱知远近，我欲便乘风。"⑥则身为释子，亦作飞升之想。

司马光《汉宫词》："逆旅聊怀玺，田间共斗鸡。犹思饮云露，高举出虹蜺。"⑦此"云露"为茶之美称。"虹蜺"，唐钟离权《灵宝毕法》曰："阴阳不匹配，乱交而生虹蜺"⑧，此言要高举出尘。

道教还有奔日、奔月、奔星之飞升炼养法。《黄气阳精三道顺行经》曰："日，阳之精，德之长也。纵广二千三十里。金物、水精晕于内，流光照于外。其中有城郭人民、七宝浴池；池生青黄、赤、白、莲花。"⑨"月晖之围，

---

① 《全宋诗》卷 3136，第 37518 页。

② 《全宋诗》卷 3138，第 37611 页。

③ 黄庭坚《碾建溪第一奉邀徐天隐奉议并效建除体》，《全宋诗》卷 1015，第 11585 页。

④ 李正民《刘卿任尝新茶于佛舍元叔弟赋诗次韵》其二，《全宋诗》卷 1540，第 17485 页。

⑤ 《全宋诗》卷 1197，第 13519 页。

⑥ 《全宋诗》卷 3323，第 39624 页。

⑦ 《全宋诗》卷 502，第 6081 页。

⑧ 唐钟离权《秘传正阳真人灵宝毕法》卷上《烧丹炼药》，《道藏》本。

⑨ 宋张君房纂辑《云笈七签》卷 23，《日月星辰部·总叙日月》，第 131 页，华夏出版社，1996 年。

纵广二千九百里，白银琉璃水精映其内城郭人民，与日宫同有七宝浴池。"①
《玄门宝海经》曰："阳精为日，阴精为月。分日月之精为星辰。"②《三奔录》
则曰：

> 三奔之道，当按奔景之神经。经中节度，晓夕修行，不得传及非
> 人。如怠慢不专，轻泄漏慢之者，身受冥责，一如经戒。
>
> 奔日
>
> 日中赤气上皇真君，讳将车梁，字高骞奕。此位号尊秘，《经》
> 虽无存修之法，而云知者不死。当宜行事之始，心存以知，不得辄
> 呼。月法亦然。
>
> 奔月
>
> 月中黄气上黄神母，讳曜道支，字玉荟条。其奔月斋静存思，具
> 如日法。
>
> 奔辰
>
> 木春王，火夏王，金秋王，水冬王，皆依历以四立日前夜半为王
> 之始。冬七十二日至分、至日前各王十八日，分、至日之前夜夜半为
> 王之始。有星时可出庭中，坐立适意，有五星中相见者。次当修服之
> 时而出庭中，坐胜于立。可于庭坛向星敷席施按，烧香礼拜讫，正坐
> 而为之。若无星之时，天阴之夕，可于寝室中存修之也。星行不必在
> 方面，亦随所在向而修行，谓五星所在而向之，不必依星本方之面，
> 犹如木或在西也。一夕服五星，常令周遍。随王月以王星为先。若静
> 斋道士，亦可通于室中，存五星之真文、方面而并修之。不闲算术，
> 不知星之所在。又久静长斋者，可常于室中，依五星本位之方面而存
> 修之也。③

唐钟离权《灵宝毕法》则说明了日月星辰的真阳之性：

> 积真阳以成神而丽乎天者星辰，积真阴以成形而壮乎地者土石。
> 星辰之大者日月，土石之贵者金玉。阴阳见于有形，上之日月，下之
> 金玉也。真原曰：阴不得阳不生，阳不得阴不成。积阳而神丽乎天而
> 大者，日月也，日月乃真阳而得真阴以相成也。积阴而形壮于地而贵

————————

①③ 宋张君房纂辑《云笈七签》卷23，《日月星辰部·总叙日月》，第131—132页，华夏出版社，1996年。

② 宋张君房纂辑《云笈七签》卷24，《日月星辰部·总说星》，第136页。

二、《吃茶养生记》源流研究

者，金玉也，金玉乃真阴而得真阳以相生也。^①

范心远《题云溪庵》："云溪高隐卧烟霞，默饮阳晶与月华。"^②就是对吸日月光华以炼养的描写。

陆佃《呈张邃明舍人》："世掌丝纶美，声名壮紫微。赐茶天上坐，退食日边归。"^③其"日边"，既指皇帝身边，也指道教的奔日炼养。因之，此"退食日边归"，还有从饮茶后的奔日飞升中返回的意味。

黄庭坚《满庭芳·茶》（北苑龙团）："饮罢风生两腋，醒魂到、明月轮边。"刘才邵《谢人惠花栽以龙涎及小团答之》："鲸波荐液香难比，龙焙先春玉作团。寄与文房助清兴，诗魂莫怕月边寒。"^④此言奔月。

陶弼《茶溪亭》："茶溪亭上绿沿回，溪上孤城照水开。谁趁落潮离晚渡，自寻芳草上春台。年华有限忙中去，人事无涯暗里来。安得病躯开病眼，碧云瞻拱帝星回。"^⑤李处权《雨后凝秀阁口占呈子方》："凿石为渠水有声，四垣惟欠竹青青。壁含霁月光千丈，黛拂云峰画一屏。香异定应来绝岛，茶甘初不藉中泠。主人莫惜千金费，更作飞楼拟摘星。"^⑥则皆言奔星。

张九成的《勾漕送建茶》，则是一首饮茶仙游诗：

我谪庾岭下，年年饷焦坑。
味虽轻且嫩，越宿苦还生。
分甘尝此品，敢望建溪烹。
勾公道义重，不与炎凉并。
持节漕七闽，风采照百城。
冤苦尽昭雪，草木亦欣荣。
得新未肯尝，包封寄柴荆。
罪罟敢当此，自碾供百灵。
捧杯啜其余，云腴彻顶清。
爽气生几席，清飙起檐楹。
顿觉凡骨蜕，疑在白玉京。
整冠朝金阙，鸣佩谒东皇。

① 唐钟离权《秘传正阳真人灵宝毕法》卷上《烧丹炼药》，《道藏》本。
② 《全宋诗》卷3766，第45418页。
③ 《全宋诗》卷906，第10648页。
④ 《全宋诗》卷1682，第18860页。
⑤ 《全宋诗》卷407，第5004页。
⑥ 《全宋诗》卷1834，第20426页。

須臾还旧观，坐见百虑平。①

玉京为道教三十六天最高端。"自玄都玉京已下，合有三十六天。"②《玉京山经》曰："玉京山冠于八方诸大罗天，列世比地之枢上中央矣。山有七宝城，城有七宝宫，宫有七宝玄台。其山自然生七宝之树。一株乃弥覆一天，八树弥覆八方大罗天矣。即太上无极虚皇大道君之所治也。"③而神游八极，又是道教的重要修行，可以延年。《太上飞行九神玉经》："太上大道君告北极真公曰：吾昔游于北天，策驾广寒；足践华盖，手排九元；逸景云宫，遨戏北玄；逍遥朔阴之馆，赏于洞毫之门；眄璇玑以召运，促劫会以舞轮；叹万物之凋衰，俯天地而长存；乃觉九星之奇妙，悟斗魁之至灵也。"④《西王母授紫度炎光神变经颂》其一："啸歌九玄台，崖岭凝凄端。心理六觉畅，目弃尘滓氛。流霞耀金室，虚堂散重玄。积感致灵降，形单道亦分。倏欻盼万劫，岂觉周亿椿。"⑤

所以，张九成的这首茶诗，乃言饮茶之后，神游到了最上界玉京，又来到了日边，拜谒了日神。经过这一番神游的养炼，自然是会"百虑平"了。

陆游《南堂》："取泉石井试日铸，吾诗邂逅亦已成。何由探借中秋月，与子同游白玉京。"⑥亦作玉京之想。

刘才邵《次韵刘克强寄刘齐庄并见寄》后半篇也是游仙：

因念玉川子，茅屋无藩篱。
搜肠五千卷，不救寒与饥。
弄笔颇惊众，取谤只自疻。
闭门烹月团，笼头帽斜欹。
险语已绝俗，忧世良可师。
公诗足高韵，千载若同时。
思得素涛瓯，一洗中肠悲。
飘然游八极，追琢娥与羲。
封题幸早寄，伫看清风随。
蓬莱见群仙，为诵玉川诗。
群仙司下土，闻此应忸怩。

① 《全宋诗》卷 1792，第 19989 页。
② 宋张君房纂辑《云笈七签》卷 3，《道教本始部·道教三洞宗元》，第 12 页。
③ 宋张君房纂辑《云笈七签》卷 21，《天地部·总序天》，第 119 页。
④ 宋张君房纂辑《云笈七签》卷 20，《三洞经教部·经》，第 110 页。
⑤ 宋张君房纂辑《云笈七签》卷 96，《赞颂部·赞颂歌》，第 579 页。
⑥ 《全宋诗》卷 2210，第 25310 页。

却须问人世，徐徐说津涯。

上言天子圣，盛德方应期。

下言苍生苦，梗莽须平治。

他官地位多，主者当为谁。

愿速扫奸孽，不复烦灵旗。

神京朝万国，复见汉官仪。

归来颂中兴，当才勿吾欺。①

综上所述，茶道与道教的渊源关系可谓深矣。时下人们常言"茶禅一味"，殊不知道教与茶关系更早更深。

---

① 《全宋诗》卷 1680，第 18831 页。

　　关剑平　立命馆大学文学博士，南开大学历史学院博士后，现任浙江农林大学茶文化学院教授、硕士生导师，立命馆大学文学部客座教授、饮食综合研究中心研究员。从历史学和文化人类学的角度研究生活文化，尤其致力于饮食文化的研究。对于其中的茶文化，力图通过组织世界茶文化学术会议，把中国茶文化放在世界的背景下研究，为世界上为数不多的茶文化研究者提供交流的平台，首先是提高中国的茶文化研究学术水平。同时，也在思考如何把农村广场娱乐节目的茶艺改造成市民室内生活艺术的茶艺的问题。出版专著《茶与中国文化》（人民出版社，2001年）、《文化传播视野下的茶文化研究》（中国农业出版社，2009年），主编教材《世界茶文化》（安徽教育出版社，2011年）和《茶文化》（中国农业出版社，2015年）等，还主编禅茶文化论坛系列论文集《禅茶：历史与现实》《禅茶：认识与展开》（浙江大学出版社，2011、2012年）、《禅茶：清规与茶礼》（人民出版社，2014）、《禅茶：礼仪与思想》（中国农业出版社，2017年）和世界茶文化学术会议系列论文集《陆羽〈茶经〉研究》（中国农业出版社，2014年）等论文集，在国内外主持研究课题25项。

宋代分茶以及在东亚的展开 [*]

关剑平

一、问题的提出

在中国茶史研究中，宋代的饮茶法是一个热点问题，中国和日本都出现了不少研究成果，但是由于茶文化史的研究起步不久，即便在像廖宝秀著《宋代吃茶法与茶器之研究》[①] 这样的专项研究里，仍然还是存在空白点。笔者在宣化壁画的研究中首先注意到存在两种不同的饮茶法[②]。一种饮茶法直接在茶碗里点茶并饮用，现代日本抹茶就主要使用这种饮茶法；另一种饮茶法在大型器皿里点茶，然后分酌到茶碗饮用。对于后者，青木正儿先生和中村乔先生名之为分茶[③]，笔者在《以宣化辽墓壁画为中心的分茶研究》继承了他们的观点[④]。同在 2004 年，笔者在向第三届法门寺茶文化国际学术讨论会提交的论文《〈十八学士图〉与宋代分茶》中针对同样的饮茶法，也是基于绘画史料，再次使用了分茶的概念展开了研究[⑤]。以上两篇论文主要从形象的绘画展开，着重于茶器的考证，但是由于缺乏文献史料的支持，对于这种饮茶法本身也没有深入探讨。本研究试图通过对于分茶的标志性茶器史料的解读，将分茶的研究再推进一步，同时考察它在东亚的传播。

[*] 浙江文化研究工程（第二期）浙江历史经典产业研究《浙江茶产业历史和当代发展研究》(17WH20017-22) 阶段性研究成果。

[①] 国立故宫博物院，1996 年。

[②] 参照关剑平《文化传播视野的茶文化研究》，中国农业出版社，2009 年，131-159 页。

[③] 青木正儿《中华茶书》，《青木正儿全集》第 8 卷，春秋社，1984 年，199 页。布目潮沨、中村乔编译《中国的茶书》，平凡社，1985 年，218 页。

[④] 《上海交通大学学报》（社科版）2004 年第 1 期。

[⑤] 韩金科主编《第三届法门寺茶文化国际学术讨论会论文集》，陕西人民出版社，2005 年。

二、茶器的变化

宋程大昌在《演繁露》卷十一《铜叶盏》中记载道：

> 《东坡后集》二《从驾景灵宫诗》云：病贪赐茗浮铜叶。按今御前赐茶皆不用建盏，用大汤氅，色正白，但其制样似铜叶汤氅耳。铜叶色，黄褐色也。

言下之意，苏东坡时皇帝用建盏赐臣茶，而到了程大昌所在的南宋初，皇帝御前赐茶时不再使用黄褐色的建盏，而是使用形制与建盏相似的白色大汤氅。

程大昌（1123—1195）字泰之，休宁人。绍兴二十一（1151）年进士，著述丰赡。"绍兴中，《春秋繁露》初出，其本不完。大昌证以《通典》所引剑之在左诸条，《太平御览》所引禾实于野诸条，辨其为伪。因谓仲舒原书必句用一物以发己意，乃自为一编，拟之而名之以《演繁露》。"《四库全书总目提要》评价《演繁露》："然书中似此偶疏者不过一二条，其它实多精确，足为典据。"

不仅《演繁露》是一部信赖度很高的著述，而且程大昌本人也直接参与皇宫的茶事，楼钥就撰有《赐龙图阁学士致仕程大昌张大经、敷文阁直学士致仕汪大猷、显谟阁待制致仕程叔达、寶文阁待制致仕沈枢、敷文阁待制致仕李昌图银合茶药诏》[①]，使得这条关于饮茶的史料更加可靠。而皇帝与大臣间的茶事活动异常频繁，仅在《攻媿集》中就收录了十余篇赐银合茶药的诏书。可以说皇帝以各种形式与大臣进行茶事活动是有宋一代宫廷的传统。程大昌在这段史料中强调的是瓷器种类的变化，但是引起笔者关注的是大汤氅，它究竟是什么样的器皿。

三、铜叶

程大昌文中所提到的苏诗指的是苏轼（1037—1101）的《次韵蒋颖叔钱穆父从驾景灵宫二首》之二：

> 与君并直记初元，白首还同入禁门。
>
> 玉殿齐班容小语，霜廷稽首泫微温（适与穆父并拜廷中，地皆湿，相与小语，道之次公。梅圣俞诗云：庑深容小语，槐密漏微阳）。
>
> 病贪赐茗浮铜叶（次公铜叶言茶盏也），老怯香泉瀲宝樽。

---

① 宋楼钥撰《攻媿集》卷四十二《内制》。

回首鹓行有人杰，坐知羑虏是游魂（次公魏文帝善哉行：假气游魂，鱼鸟为伍。又杜甫诗：游魂贷尔曹。）①

铜叶的原意是铜皮。《云笈七签》中有其加工方法的记载：

赤铜去晕法：右取熟铜打作叶，长三寸，阔三寸，取牛皮胶煮之如粥，以铜叶内中，以盐封之，内炉中火之，令烟尽极赤，出冷之，于砧上打之，黑皮自落。如此十遍已上，止即以醋浆水煮，令极沸，烧叶赤，内浆中，出之以刷刷之于锅中，烊之泻灰汁中，散为珠子，其色黄白，至十遍止。不须史泻成，兑凡十两可得三两，成入梅浆洗之令白也。②

对道教养生颇为关心的苏轼在《十一月九日夜梦与人论神仙道术，因作一诗八句。既觉，颇记其语，录呈子由弟。后四句不甚明了，今足成之耳》也提到了由此加工出来的"晕铜"：

析尘妙质本来空（公自注：梦中于此句若了然有所得者），更积微阳一线功。

照夜一（一作孤）灯长耿耿，闭门千息自蒙蒙。

养成丹灶无烟火，点尽人间有晕铜。

寄语山神停伎俩，不闻不见我何穷。③

四、铜叶盏

或许是因为使用铜叶打制的碗盏颇为流行、备受青睐的缘故，苏轼使用"铜叶"一词指茶盏，但是，仅仅取其色彩与碗盏的意义，与铜质脱离了关系。苏诗中提到的名为"铜叶"的茶盏刺激程大昌把它与自己的时代作了比较，结论是茶器发生了变化，皇帝赐茶时不再使用建盏，改用所谓的"大汤氅"。从黄褐色的色彩特征上看，铜叶盏应该是指建盏。

建盏是宋代最独特的茶盏，但是宋代的茶书没有采用铜叶盏的说法，这个名称主要见于诗中，苏轼的弟弟苏辙就在《赠净因臻长老》一诗中使用了"铜叶"的说法：

十方老僧十年旧，燕坐绳床看奔走。

---

① 宋王十朋撰《东坡诗集注》卷十一《酬和》。
② 宋张君房撰《云笈七签》卷七十一《金丹部》。
③ 清查慎行撰《苏诗补注》卷三十九《古今体诗七十四首》。

远游新自济南来，满身自觉多尘垢。

暖汤百斛劝我浴，骊山衮衮泉倾窦。

明窗困卧百缘绝，此身莹净初何有。

清泉自清身自洁，尘垢无生亦无灭。

振衣却起就华堂，老僧相对无言说。

南山采菌软未干，西园撷菜寒方茁。

与君饱食更何求，一杯茗粥倾铜叶。①

　　另外，在与苏轼大致同时代的孔平仲和郭祥正的文集中收入了同一首诗《梦锡惠墨答以蜀茶》，其中也使用了"铜叶"的说法，并且强调是名器：

墨者质自黑，黑者墨之宜。

所以陈玄号，闻之于退之。

近世工颇拙，取巧惟见欺。

摹成古鼎篆，团作革靴皮。

挥毫见惨淡，色比突中煤。

谁最畜佳品，郑君真好奇。

赠我以所贵，有不让金犀。

坚如雷公石，端若大禹圭。

研磨出深黝，落纸光陆离。

较之囊中旧，相去乃云泥。

辱君此赐固以厚，何以报之乏琼玖。

不如投君以者好，君性者茶人罕有。

建溪龙凤想厌多，越上枪旗不禁久。

我收蜀茗亦可饮，得我峨眉高太守。

人情或以少为珍，心若喜之当适口。

更怜此物来处远，三峡惊波如电卷。

江湖重复千万里，淮海浩荡涟漪浅。

舍舟登陆尚相随，今以答君非不腆。

开缄碾泼试一尝，尤称君家铜叶盏。②

　　比程大昌的生活时代还要晚的魏了翁（1178—1237）在《鲁提干（献子）

---

① 宋苏辙撰《栾城集》卷六《诗一百首》。

② 宋孔平仲撰《清江三孔集》卷二十一《古诗·梦锡惠墨答以蜀茶》，宋郭祥正撰《青山续集》卷三《古诗·梦锡惠墨答以蜀茶》。

以诗惠分茶椀用韵为谢》一诗中不仅使用了"铜叶"的说法，而且通过对于"铜叶"的描述——"兔毫"，明确了铜叶盏就是建盏。

> 秃尽春窗千兔毫，形容不尽意陶陶。
>
> 可人两碗春风焙，涤我三升玉色醪。
>
> 铜叶分花春意闹，银瓶发乳雨声高。
>
> 试呼陶妓平章看，正恐红绡未足褒。①

五、汤氅的使用

程大昌在指出了茶器发生变化的同时，还对"大汤氅"作了进一步的描述，强调了"正白"的色彩特征和"制样似铜叶"的造型特征。但是氅是一个僻字，用例不多。"李如一《水南翰记》：韵书无氅字，今人呼盛茶酒器。"②张如一名衮，明代人，有《水南翰记》一卷，考证典章制度③。在明代，无论茶酒盛器都被称作氅。另有一个用例是宋代邵雍（1011—1077）的《小车吟》：

> 自从三度绝韦编，不读书来十二年。
>
> 大氅子中消白日，小车儿上看青天。
>
> 闲为水竹云山主，静得风花雪月权。
>
> 俯仰之间无所愧，任他人谤似神仙。④

另外，《武林旧事》也提到了氅，虽然不是指点茶器皿，却也和茶有关，关键是也强调了"大"的特征：

> 禁中大庆会则用大镀金氅，以五色韵果簇钉龙凤谓之绣茶，不过悦目。亦有专工者，外人罕知，因附见于此。⑤

尽管本文找到的用例数量有限，氅却被后代视为宋代的代表性瓷器。《续通志》在历数各代名器就提到了氅：

> 宋玛瑙釉小罂、汝窑壶、汝窑方圆瓶（《清秘藏》：汝窑较官窑质尤滋润），官哥窑方圆壶、立瓜·卧瓜壶，定窑瓜壶、茄壶、驼壶、青冬瓷、天鸡壶，建安兔毫琖（蔡襄《茶录》：黑纹如兔毫）、小海鸥

---

① 宋魏了翁撰《鹤山集》卷八《律诗》。

② 清翟灏《通俗编·器用》。

③ 清黄虞稷《千顷堂书目》卷十二《杂家类》。

④ 宋邵雍《击壤集》卷十二。

⑤ 宋周密《武林旧事》卷二《进茶》。

紫碗、铜叶汤氅，哥窑八角把栳、酒榼，饶州花青碗，浙瓷。[①]

六、分茶法的推论

北宋邵雍、南宋程大昌乃至周密都把"大"作为氅的基本特征。茶盏色彩的变化是审美观变化的物质反映，而尺寸的变化则直接影响着饮茶法。如果不是像现在日本奈良西大寺"大茶盛"的饮茶法，那就应该是先在大型器皿——大汤氅中点茶，然后分舀小碗饮用，也就是《文会图》（图1）、《十八学士图》（图2）、《碾茶图》（图3）和部分宣化壁画（图4）所描绘的饮茶法——分茶。

图1 《文会图》

图2 《十八学士图》

---

① 《钦定续通志》卷一百二十二《器服略一·食器》。

图 3 《碾茶图》

图 4 张世古墓壁画

这种饮茶法不是突然出现的,相反有着悠久的传统。唐代煮茶法在茶汤煮好之后茶釜也就自然而然地成为大容器,然后分盛到茶碗里饮用。随着点茶法成为主流饮茶法，茶釜变成了纯粹的容器鍑，在这里点完茶后分盛到茶碗里饮用。早在汉代，酒宴就一直使用这种方式饮酒（图5）。唐代的宫乐图究竟描绘了饮茶的场面还是饮酒的场面因此而出现争议（图6）。按照程大昌的说法，似乎大汤鐅点茶、小茶盏饮茶的方法随着时间的推移逐渐流行或者成熟，到了南宋甚至成为皇帝最经常使用的饮茶法。

图5 《宴乐图》

图6 《宫乐图》

七、古代在高丽的展开

这种饮茶法不仅在中国——宋和辽、金使用，也传播到了朝鲜半岛。1122年，徐兢（1091—1153）作为副使出使高丽，回国后将他的所见所闻记录下来，这就是《宣和奉使高丽图经》，其中有研究宋朝与高丽的茶文化交流的最重要的史料，而下面的史料传达了高丽王朝也使用分茶的信息。

> 茶俎：土产茶味苦涩，不可入口，惟贵中国腊茶并龙凤赐团。自赐赉之外，商贾亦通贩，故迩来颇喜饮茶。益治茶具，金花乌盏、翡色小瓯、银炉汤鼎，皆窃效中国制度。[①]

高丽时代的朝鲜半岛已经开始自己生产茶叶，但是质量水平比较低，中国的腊茶、尤其是龙凤团茶最为珍贵。这些种类的茶不仅在两国的交往中以礼物的形式进入高丽，而且通过商业渠道流通，由此培养形成了饮茶嗜好。进而模仿中国置备茶具，其中关系到饮茶法的就是金花乌盏和翡色小瓯。

首先看看盏。以现在的习惯，茶盏、酒盏都是小型的碗。汉代扬雄在《方言》中解释道："盏，杯也。秦晋之郊谓之盏。自关而东，赵魏之间曰械，或曰盏，或曰盌，其大者谓之盌。"[②] 由此可见金花乌盏是描绘着金色花纹的建盏。

再看翡色小瓯。扬雄在《方言》中也提到了瓯："瓶（音边），陈魏宋楚之间谓之题（今河北人呼小盆为题子，杜启反），自关而西谓之瓶，其大者谓之瓯。"[③] 就是说瓯是比较大型的器皿，或许上面盆的称呼更容易为当代中国人理解。按照扬雄及其注释者的解释，瓯是大盆。到了宋代，对于瓯的解释发生了一些变化，《韵略》中说："瓯，释云小盆也。一云大盆曰瓮，小盆曰瓯。"[④] "瓯，小盆，今俗谓盌深者为瓯。"[⑤] 由此看来，徐兢所谓的翡色小瓯就是翡翠色彩的盆，或许在他看来并不那么大，故称"小瓯"。

既然一套茶具中两种茶碗——盏和瓯，不可能都是用于饮茶的杯碗，其间应该有着分工的差异，然而在徐兢看来是不言而喻的事情，没有具体说明，这样一来盏与瓯的尺寸区别是唯一分析它们的功能用法的线索。可是在中国的茶书里也没有明确的相关记载，从《十八学士图》等绘画作品中形象地观察到

---

① 《宣和奉使高丽图经》卷三十二《器皿三》。

②③ 汉扬雄：《方言》第五，四库全书本。

④ 宋丁度等：《附释文互注礼部韵略》卷二《下平声》，四库全书本。

⑤ 宋毛晃增注，毛居正重增：《增修互注礼部韵略》卷二《下平声》，四库全书本。

盏与瓯的区别。结合前面程大昌的说法，或许金花鸟盏用来饮茶，翡色小瓯则用来点茶。

现代盏与瓯的区别很不明确，古代的用例也很复杂，宋代也同样用瓯指点茶、饮茶的小碗。这种混乱在生活文化的有关记载中异常普遍。宋代茶叶文献中也经常出现盏，蔡襄《茶录》中就有"茶盏"的条目：

> 茶色白宜黑盏，建安所造者绀黑，纹如兔毫，其坯微厚，熁之久热难冷，最为要用。出他处者或薄或色紫，皆不及也。其青白盏，斗试家自不用。[①]

茶盏的种类非常丰富，但是斗茶使用茶盏受到严格限制，非建窑黑釉茶碗不用。从"熁盏"条来看，这个茶盏用来点茶，所谓"凡欲点茶，先须熁盏令热，冷则茶不浮。"[②] 欧阳修《尝新茶呈圣俞》中"停匙侧盏试水路，拭目向空看乳花"的诗句[③]，也描述了盏中点茶的情形。尤其在北宋的大多数时间里，饮茶与点茶使用同一个器皿。在今天的日本茶道里可以看到这种饮茶方式。

宋徽宗《大观茶论》对于盏的记载更加详细：

> 盏色贵青黑，玉毫条达者为上，取其焕发茶采色也。底必差深而微宽。底深则茶宜立而易于取乳，宽则运筅旋彻不碍击拂。然须度茶之多少用盏之大小。盏高茶少则掩蔽茶色，茶多盏小则受汤不尽，盏惟热则茶发立耐久。

建盏的选择与蔡襄没有差异，但是对于茶碗的造型要求有了变化，即与斗笠碗相比，宋徽宗更推荐深壁宽底的茶碗。他强调与搅拌茶汤的工具从茶匙向茶筅的变化相关，而对本研究来说更加重要的是盏的大小的问题。

八、至今在日本的展开——代小结

日本保存了丰富的宋代饮茶技术，宋代的茶具只有在日本茶道里可以照原样使用就是最有力的证明。就饮茶法来说，宋代的饮茶法丰富多彩，而现在日本的饮茶法也多种多样。建仁寺、建长寺、元觉寺、东福寺等都在寺院的开山纪念活动中举行四头茶礼，所使用的点茶法最接近宋代煎茶的原型，这可以从宋代周季常等的《五百罗汉图》中得到直观的佐证。但是宋代同时还

---

① 宋蔡襄：《茶录》下篇《论茶器》，四库全书本。

② 《茶录》上篇《论茶》。

③ 宋欧阳修：《文忠集》卷七《居士集七·古诗二十二首》，四库全书本。

有上述的分茶，也同样是当时主要的饮茶法之一。在现代日本茶道中虽然看不到这种饮茶法的直接遗存，但是一些不同寻常的饮茶法表现出与分茶的一致性首先是浓茶。

荣西在《吃茶养生记》"第二遣除鬼魅门"的最后介绍了十种桑方以及服用方法，对于本研究来说最感兴趣的是关于吃茶法的记载：

> 极热汤以服之，方寸匙二三匙，多少随意，但汤少好，其又随意云云，殊以浓为美。饭酒之次，必吃茶，消食也。①

点茶用沸水，茶末的量原则上为方寸大小的匙子2～3匙，但是投茶量也好，投水量也好，都由个人爱好决定，不过浓茶更加好喝。酒饭之后喝茶为的是帮助消化。就现代的日本抹茶来说，一碗茶汤的投茶量一般1克余。而荣西所介绍的宋代饮茶法，首先茶匙的大小尺寸有着很大的差别，加上匙数，何止十倍。如果像现在的日本抹茶那样点茶，虽说浓茶更好，但是这么浓的茶汤恐怕难以下咽。因此，很多日本学者都对投茶量提出疑问。其实如果是分茶问题就迎刃而解了。

事实上千利休之前的点茶法是浓茶，之后薄茶才在日本社会普及开来，从这个角度看，似乎浓茶是中国饮茶法的残存，而薄茶是以千利休为代表的日本茶人再改进的成果。然而从日本浓茶周围放薄茶的抹茶保存技术上看，与欧阳修所记载的蜡茶四周放草茶的宋代茶叶保存法完全一致，由此也产生日本的浓茶与薄茶是否错误理解和演绎了宋代蜡茶与草茶的饮茶法的问题。因为从异文化的视角看，浓茶的点茶法极其不正常，其浓度高到了难以想象的程度，平均每人3.75克茶末，茶汤不是液体，而是糊状。当初的传播者在传播宋代饮茶法时因为各种原因出现了错位，只注意到使用茶叶数量的多少而没有注意容器的变化，而错位在文化传播中是必然的现象，是接受文化传播的前提，也是改造外来文化的结果，当然有自觉与不自觉的各种原因。这种错位显现在高度频繁的中日文化交流中非常普遍，比如在汉字上，长短横等的差别比比皆是，这个微妙的差别就是日本汉字与中国汉字的区别所在。浓茶·薄茶应该是一对日本的饮茶概念与方法，准确的解释首先有待彻底研究中国饮茶法。

宋代茶文化传播中的错位现象还体现在大茶盛上。奈良市真言律宗西大寺使用大茶碗的茶会被称为西大寺大茶盛。其特点是茶具特别大，茶碗大，茶釜大，茶筅大，核心是茶碗，它左右了其他茶具的形制。镰仓前期的历仁二年（1239）正月，睿尊和尚举行新年开始修法的典礼，修法结束时，把贡献给神

81

---

① 荣西《吃茶养生记》。

的茶供和尚们饮用，之后把饮茶对象扩大到寺院外的村民。在床间布置雪景的大殿风景装饰是象征睿尊当时正在下雪。在睿尊弟子忍性的极乐寺里有千服茶磨，在热心于社会福利的真言宗寺院里，茶用于庶民教化。由此开始西大寺大茶盛。但是从流传下来的室町时代中期天宝期（1830—1844）的茶碗看，比现在大茶盛所使用的茶碗要小得多，而接近宋代绘画上的分茶茶碗的尺寸。现在极端的大茶碗的出现是日本人的游戏心理的产物，也符合容易引人注目的宣传需要，后人的努力反过来进一步掩盖了其原型，即宋代分茶的大碗分酌。

按照宋代分茶的基准，浓茶放准了茶末数量，但是采用了普通煎茶的茶碗；大茶盛选择了分茶的茶碗，放入了合适的茶末，却没有注意到后续的分酌，于是直接饮用。两者都是宋代分茶的部分错位继承。那就看看《大观茶论》所载宋代分茶的点茶过程：

赵佶按照加开水的次数，把整个点茶过程分成七个部分，称之为七汤。头汤的目的是趁第一次加水水量较少的机会把盏盂里的茶末调成均匀的胶糊状，务必"上下透彻"，由此"茶之根本立矣"。为什么第一次加水搅拌如此重要呢？不妨看看日本抹茶茶道的点茶。日本茶道也使用末茶，并且就像钱钟书先生所说的，与中国末茶有着继承关系。日本茶道直接在茶碗里点茶，尽管仅使用1克左右的茶末，但是如果点茶者技术不过关或疏忽大意，就可能出现茶末结成小团块沉于碗底的现象。宋代分茶一次点大量的茶汤，需要加入相对大量的茶末，不在第一次加水时把茶末充分和匀的话，往后水量增加就更难搅拌，最终难免茶末结块沉淀，影响味感。第二汤开始用力搅拌，因为水量增加，茶汤的色泽转淡，所谓"色泽渐开，珠玑磊落"。加入第三汤后的搅拌重点是轻巧均匀，以调节茶汤浓度，至此"茶之色十已得其六七"。第四汤的搅拌再趋激烈，旨在打出泡沫，"其清真华彩既已焕发，云雾渐生"。加入第五汤后的搅拌则要视至此为止所点茶汤泡沫的情况而定，适度调整泡沫，"结浚霭，结凝雪，茶色尽矣"。如果之前的步骤顺利，第六汤只要缓慢搅匀即可。第七汤最后决定茶汤浓度，"相稀稠得中，可欲则止"。[①]

《大观茶论》、浓茶、大茶盛与本文前半部分综合在一起，或可承认笔者的推论，但是缺乏史料的佐证也是显而易见的问题。只是希望能够抛砖引玉，对于中日茶文化交流展开更加具体而深入地研究。

---

① 《大观茶论·点》。

　　中村羊一郎（nakamura youichirou） 1943 年生于静冈市。毕业于东京教育大学（筑波大学前身）文学部，历史民俗资料学博士。历任静冈县史编撰室长、静冈产业大学教授，现为静冈产业大学综合研究所客座研究员。对于庶民茶文化做了彻底的田野调查，不仅在日本国内，在中国、东南亚尤其是缅甸也积累了丰富的调查成果，从学术研究的高度定位庶民日常茶的番茶，在茶文化的综合研究中开拓了新领域。此外，还彻底调查了日本全国各地的追捕海豚的事例，不是观念上的批判，而是主张尊重传统的饮食文化。主要著作有《番茶与庶民吃茶史》《缅甸，现在最想了解的国家》《海豚与日本人》《年中行事与规矩》等。1992 年名著出版社出版的《茶的民俗学》是世界上唯一一部以民俗学方法研究茶文化的学术著作。这里的茶不是指茶道的茶，而是庶民生活中的煎茶，在餐前饭后、休息谈笑时饮用，在茶文化研究中是一个薄弱环节。中村羊一郎在日本各地展开田野调查，研究目的是昭示茶在生活中的意义。第一部分"女性与茶"论述了日常生活中茶的地位，尤其着重考察了与女性的关系。茶是主妇职责的象征，而采茶的季节性工作对于女性又具有通过礼仪的意义。第二部分的"灵与茶"探讨茶树所拥有的灵魂的问题。棺桶里放茶、古墓旁种茶、饮用八十八夜新茶、吹了茶市的风就不感冒等都显示了茶的灵力。第三部分"制茶民俗"考察了以静冈为中心的各种民间制茶法。

荣西传来的抹茶法的行踪

[日] 中村羊一郎

　　无疑荣西从宋朝带回日本的抹茶法是今天茶汤的原型，《吃茶养生记》对于制茶法只有简略的记载，对于饮茶法也只有简短的描述，连搅拌是否使用茶筅也无法断定。但是，抹茶法从此迅速普及，抹茶法传来之后仅仅百年，不仅是京畿地区，从镰仓的寺院开始在关东地区也栽培茶树，采用抹茶法。

　　作为其背景，尤其在山区，使用被称为山茶的野生茶，可以说已经有饮茶的习俗。而且其制茶法就像从室町时代的史料和近代民俗资料中可以看到的柴茶一词所提示的那样，蒸采摘下来的茶叶，日晒干燥，非常简单。同时，荣西所说制茶法是新芽蒸后用焙炉小心干燥，虽然表面看来不同，但是"蒸后干燥"的基本工艺是一样的。而且抹茶法中必不可少的打泡沫用的茶筅就像从记载它的《大观茶论》、其最古老的图像《茶具图赞》中所看到的那样，呈洗帚型，这是庶民社会的洗帚，也是乐器，与清洗餐具等的厨房用具一样。抹茶需要茶磨，没有专用的茶磨可以用药碾研磨，仔细粉碎的话或许可以代用。或者不加工成抹茶，就这样煎煮使用。

　　就是说，无论是原料还是用具，作为基础的东西业已存在，普及抹茶法没有任何障碍，作为最新流行的吃茶方法被各个阶层广泛接受。不久，种植与加工技术也飞跃性地进步，发展成地域性茶产业的是以宇治为中心的碾茶，形成了使用碾茶的茶汤。在其他地区，庶民的蒸青日晒茶被称为柴茶，在狂言里也被称为煎物、晒干，在都市销售。战国末期来到日本的葡萄牙人把它作为Bancha收录在辞典里，相对于抹茶、也就是上层社会的茶，把它译为"不是上等的普通茶"，也就是庶民的茶（《邦译日葡辞书》）。

　　在庶民社会，煮这种Bancha（当时的柴茶），用洗帚型的茶筅打出泡沫的振茶普及到了全国，在近世的前期，与直接饮用的煎茶同时流行，受到广泛欢迎。而且振茶也被称为桶茶，顾名思义，使用桶一次点多人份的茶再分，可以推测是娱乐的饮茶法。作为大茶它为女性闲聊提供了机会，于是受到领主的禁止。

如此看来，荣西带回来的抹茶法一方面作为茶汤，另一方面作为振茶，按照接受的阶层可以一分为二，但是根是同一条。

一、荣西以前日本的茶

（一）曾嗜爱茶

荣西从宋重新带回日本的与其说是茶的种子、苗木，不如说是抹茶法，当时日本不知道的新饮茶法。荣西在《吃茶养生记》的卷首说："我朝日本昔嗜爱之"，在同书上卷"调茶样"中介绍宋的制茶法后，"抑我国医道之人，不知采茶法，故不用之。还讥曰非药云云。是则不知茶之德之所致也"。[①]尽管过去日本也曾喜爱茶，因为不知道采摘方法，所以批评茶不是药。这并不意味着日本完全忘记了茶，对于荣西来说是对不同于自己带回来的宋朝制茶法·饮用法（抹茶法）的日本当时的茶的状况所发的感慨。

这里首先确认荣西所说的"昔嗜爱"的茶究竟是什么样的茶。证明日本吃茶的最早记录是《日本后记》弘仁六年（815）嵯峨天皇行幸近江国韩崎，在梵释寺咏诗，群臣唱和，奉上"大僧都永忠手自煎茶"的记录。围绕着"煎"的解释讨论这时的茶，可以推断一般当时朝廷喜爱的茶是唐朝廷、诗人们喜爱的饼茶。饼茶磨成粉末投入开水里煎煮。平安时代初期的汉诗文里，可以看到饮茶时有"捣"字，被解释为蒸后的茶叶放在臼里捣的饼茶制造工艺，似乎嵯峨朝的茶毫无疑问是饼茶。但是，没有文献证明这时朝廷的茶是陆羽《茶经》中详细记载的饼茶。冷静地想一下，在要享受茶的贵族们的眼前不可能加工饼茶。因为捣在饼茶工艺中是最初期的工序。

《茶经·三之造》中把饼茶的制法分为七个阶段，布目潮渢对其过程中"宿制者则黑，日成者则黄"解释为"过了一夜加工的茶发黑，当天加工完成的茶黄色"[②]，高桥忠彦解释为"隔夜才完成时，表面的颜色变黑，当天完成时呈黄色。"[③]布目、高桥都把隔夜、当天理解为完成的意思，可是饼茶在一天里

① 楢林忠男译注《吃茶养生记》，东洋文库《日本的茶书》，平凡社，1971年。

② 布目潮渢《茶经详解》，淡交社，2001年，73页。

③ 《茶经》，今译轻松阅读茶的古典系列，淡交社，2013年，39页等。

就完成吗？程启坤在本丛书的第一册里报告了经过七个工序实际需要多少时间①。根据这个研究，四月上旬摘一芽一二叶，参考龙井茶萎凋技术，16小时后蒸两分钟。把它放入作为臼的代用品的大瓮的擂钵里反复捣碎后，放入模具加压拍实，半干之后在中间打个洞，并从模具里取出来。把茶用热风式干燥机干燥15分钟左右。然后再用圆筒形送风式干燥机干燥31小时。即便不进行采摘后的发酵——萎凋也需要两天。本来，最初的干燥是日晒，第二次的炙是吊在炭火上进行，采摘当天保证品质完成是不可能的。日本也有制造饼茶的实验例子，即便完成，也无法达到长期保存所需的干燥度。就是说，刚才的隔夜制、当日制不是完成的意思，是指什么时候处理鲜叶。

（二）捣香茗

对于汉诗文里可以看到的"捣香茗"的表现无法释怀，不是捣蒸后的茶叶，而是解释为把饼茶放臼里粉碎的意思，还有想象为在贵族们的面前磨成粉末煎的茶汤加工方法的看法。但是《茶经》里捣的工序不过是制茶工序，饮用前粉碎是碾，也就是使用磨的道具。对"捣"持有疑义的小川后乐解释为不是用臼捣，而是搅拌粉末茶的意思②。但是笔者认为这也许是对于好茶的修辞性表现，不能按照字面意思解释。刚才的永忠煎茶是在大家的面前煮的实际情景，不应该视为把用简单的制茶法所加工的叶茶就那样煮。

这里有一个非常朴素的问题。就是从《茶经》所看到的中国各地的各种制茶法中，只有在日本被视为其中最高级的饼茶传来了吗？遣唐使船上承载了大量日本人，需要考虑遣唐使以外的人的交流。就是说，从派遣遣唐使之前开始，不需要饼茶那样复杂工艺的单纯饮用法与茶籽一起随着刀耕火种技术已经传到日本了。比如《茶经·六之饮》中记载了包括饼茶在内的四种茶，即粗茶、散茶、末茶、饼茶，《茶经》没有说明相应具体的制法，下面是布目潮沨的解释③：

> 粗茶 连树枝砍下，焙炙，煮沸饮用。
> 散茶 可能是叶茶，也可能是炒青茶。

① 程启坤《唐代茶叶种类及其加工研究——主要依据陆羽〈茶经〉》，熊仓功夫、程启坤编《陆羽〈茶经〉研究》，官带出版社，2012年，223—226页。

② 小川后乐《茶的文化史》，文一综合出版，1980年，91页。

③ 《茶经详解》，161页。

末茶　焙炙后粉碎的茶。

饼茶　《三之造》中介绍的固形茶。

　　其中像粗茶那样简单的饮茶法没有传到日本反而不自然。因此，出现在汉诗文中的"捣"是让人联想唐朝高级茶的修辞方法，平安时代初期朝廷饮用的茶很可能不是至今为止想象的饼茶，而是最简单的煎煮的茶。因此，永忠煎茶很可能使用了贵重的舶来品的饼茶。因为之后在朝廷的造茶司制作的、季御读经中引茶所用茶是煎煮①。

（三）山茶的利用

　　也许前述荣西所知日本的茶是山茶当场焙炙煎煮的"烧茶"（表示用这个方法的饮茶法的民俗语汇），最多是蒸后的茶叶晒干之类的茶叶。很可能荣西认为与以蒸新芽用焙炉焙干的高级茶为原材料，按照程式饮用的宋式抹茶法层次不同。

　　比如菅原道真也吃茶。《菅家文草》《菅家后集》中，在首都有权有势时曾说"酒为忘忧"。但是从延喜元年（902）左迁九州太宰府，到三年59岁去世为止的诗中，出现了为了解烦懑而饮茶的文句。指出出现在道真诗中的茶的重要性的中村修也说："现在要确认其产地是非常困难的，但是不能视而不见。"②道真在太宰府只有三年，不知其间以怎样的频度如何饮用什么茶。道真喝的茶是从首都送来的，还是自己带来的，抑或是从中国运到博多的，当地产的茶的可能性也难以否认。如果当地产，就像上面所说，是粗糙的日晒茶煎煮吧。如果是这个层次的茶只要有茶树哪里都能制作。九州山区随处可见山茶。而且据说是播种了荣西从中国带回的茶籽的背振山的山名有这样的传说，茶就像从天而降那样非常多，于是茶振山变成了背振山（日本语的谐音），是野生山茶很多的地方。

　　神津朝夫指出，在建久二年（1191）的文书里有肥后国球磨郡的领地作为赋税交纳50斤茶的记录，在荣西回国以前九州就有茶园生产茶，背振山茶园的起源是荣西回国很久以前的事，道真饮用的茶就是这些茶园制作的吧③。

　　现在，虽说是山茶，但是因为在没有人迹的地方看不到，根据DNA分析又证明与中国种类似，所以茶这个植物不是日本列岛从开始就有的东西，也就

① 中村修也《季御读经中所见茶》，《茶道的历史》，《茶道学体系》2，淡交社，1999年，354页。

② 中村修也《荣西以前的茶》，《茶道的历史》，347页。

③ 神津朝夫《茶汤的历史》，角川书店，2011年，56页。

是说是外来种。但是没有资料证明是何时传来的,只是在从九州开始的刀耕火种地带,茶被组合进轮作之中,以烧田放置后的土地上成长的茶树为基础形成茶园是事实。刀耕火种与茶在荣西以前作为所谓农耕技术组合传到日本的可能性很大①,因此,笔者认为背振山的茶园不是荣西以后开拓的,在此之前就使用朴素的方法加工茶叶,在此基础上产生了荣西传入茶的传说。

镰仓时代无住的《沙石集》(弘安六年,1283)说:有个僧人正在饮茶,他对过来的牛倌说:"这是有三德之药",其效能"一是坐禅时容易瞌睡,喝了这个可以彻夜不眠;二是吃饭时服用,消食轻身明心;三是不发药也。"②牛倌回答道:清醒作用,帮助消化,不发,这样一来每天从早到晚干活,对自己一点好处也没有。这是不同立场导致事物判断差异的笑话,但是可以看出重视茶的药效。同时,作为可以看出镰仓时代的庶民是如何看待茶的例子而被经常引用,对于这个时代的庶民来说,茶还是珍奇的存在。但是,虽然设定了牛倌对抹茶法有疑问的情节,也不见得庶民阶层就一定不知道茶。

总结一下至此为止的论述,不知道什么时候开始,至少平安时代以前茶就与刀耕火种一起传到了日本,简单的烧茶,或者用蒸制日晒简便的制茶法生产的茶,在从九州到近畿广阔的范围内使用煎煮等简便的方法饮用。荣西的抹茶法作为最新的饮用法,伴随着论述茶的功效理论一起从宋引进,因此荣西断言日本人不知道茶的利用法。

二、宋式抹茶法普及的背景

(一)抹茶法在地方上的普及

因为荣西回国,宋式抹茶法迅速普及,就像在《异制庭训往来》中所看到的,南北朝时期,开始品评以地方寺院为据点制茶、玩味。书中例举了有名的产地,不难想象地方上加工着不为中央所知的无名的茶。下面摘录一些与茶的普及,进而可能与在地方上栽培茶相关的史料。

1168 年(仁安三年)荣西从宋回国(同年入宋)。

1191 年(建久二年)荣西再次回国(1187 年入宋)。

1214 年(建保二年)荣西向镰仓三代将军实朝呈茶,献《吃茶养生记》。

---

① 中村羊一郎《柳田国男所见山茶》,约瑟夫·克莱纳编《探究日本民族的源流》,三弥井书房,2002 年,68 页。

② 《沙石集》,日本古典文学大系 85,岩波书店,1966 年,500 页。

1239 年（延应元年）西大寺睿尊开始大茶盛。

1241 年（仁治二年）圆尔从宋回国（1235 年入宋）。

1244 年（宽元二年）圆尔向上野国长乐寺荣朝报告回国，回乡看望母亲。

1261 年（弘长元年）圆尔在骏河国清见寺落庆法要。

1262 年（弘长二年）睿尊在去镰仓的途中举行"储茶"。

约 1300 年 金泽贞显与茶相关联的文书数量增加（金泽文库古文书）。

1334 年（建武元年）二条河原落书里出现茶寄合。

例举圆尔弁圆的事迹一是因为在他的师父荣朝担任主持的长乐寺，茶频繁出现在 16 世纪中期的主持记录《长乐寺永禄日记》里，其次可以在《异制庭训往来》里看到武藏川越的茶，可能也因为与茶在关东地区普及有什么关系，而且在回乡向母亲报告已经回国时，在附近的足久保（现在静冈市葵区）播撒茶种，这成为骏河茶的起源，也许就是因为这个缘分，近世足久保茶成为将军的御用茶，与他关系密切的骏河清见寺成为《异制庭训往来》例举的茶产地之一。此外，桥本素子发现了很多中世茶史料。

这里希望注意的是为什么如此迅速地从九州到关东都出现了茶的记载。首先，最主要的理由是即便不人为地播撒茶种，作为原材料的茶树也已经存在。第二，有加工从这些茶树采摘的鲜叶的技术，具体地说就像本文开始时所提到的，是蒸后日晒干燥程度的简单的茶，一般用身边的茶树自己加工自己饮用。其制法就像前面所说的那样，在工序上与荣西所介绍的制茶法并无差异，不同的是以新芽为原料、用焙炉干燥与否，因此，如果不拘泥于品质，随时可以制作叶茶，研磨后就可以像抹茶那样饮用，所以偏远的寺院也可能采用抹茶法。

还有一点，身边还有抹茶法不可或缺的茶筅。

（二）中国传来的洗帚型茶筅的使用

据说现在茶汤使用的茶筅形状是室町时代形成的。传说奈良县高山的鹰山宗砌与村田珠光（1423—1502）讨论制作。其起源没有定说[①]，应该是在室町时代以后吧。上田秋成在《茶痕醉言》中对茶筅的形状变化有如下记载[②]：

茶筅之制：昔为片筅。筅，帚也。所云轮帚之物，涤器具也。即

---

① 内山一元《茶筅博物志》，东京书房社，1974 年，85 页。

② 《上田秋成全集》第九卷，中央公论社，1992 年，335 页。解题中被视为《清风琐言》的续编著于文化四年（1807）。

同今云洗帚。绍鸥用是，一统为佳。筅之尺寸，昔定长度。京都盂兰
盆会舞蹈之舞女台词：

　　六寸六分的茶筅竹，用后成为恋人笔杆。

　　由此可知大致模样。就像出现在《茶经》中的图，是长长的
片筅。

茶筅本是清洗器物的帚，起源于现在仍在使用的洗帚。所说《茶经》里的
图是误解，《茶经·四之器》中清洗茶器的用具是"札"。这是用木板把棕榈皮
夹起来绑住制成的工具，或者束起竹丝制成的东西，不是搅拌用具。后面将要
论述宋代《茶具图赞》中出现了最早的茶筅图像，作为吃茶工具的茶筅在更早
的《大观茶论》里有作为击拂茶的工具的详细说明。

把筅换成筌字是因为茶筅的形状很像捕鱼的竹器——筌。看一下茶筌的制
作可以发现，一半与茶筅一样。制作茶筌要把分割成细穗的竹子内侧削掉，外
张的穗（外侧）和内收的穗（内侧）一根一根交替编织成内外两圈，外侧穗尖
向内弯曲。这个费时费工的筌式的制作是一般农民可望而不可即的。但是，作
为使用"茶筌"的嚆矢，在中国宋代的《大观茶论》里具体描写在文章中的茶
筅确实是洗帚形，那样的话可以自己制作。茶筅的最早图像出现在据说是南宋
咸淳五年（1269）成书的《茶具图赞》中，在用游戏文表现点茶必要的工具
的这部书中，把洗帚型的茶筅用竺副帅（意为竹副元帅）的名称介绍[①]。因此，
在日本现行的茶筌形状形成之前，即便是上流社会，为了点抹茶应该也使用洗
帚型茶筅。但是荣西《吃茶养生记》中写了制茶法和保存法，关于饮用法只写
了"白汤极热点服之。钱大匙二三匙"，没提到茶筅等用具。究竟用什么搅拌
茶呢？既有像《大观茶论》所记载的使用茶筅的可能性，也可能使用匙或箸等
搅拌。现在只能说有这两种可能性。

日本史料中出现"茶せん"一词是在镰仓时代末期，金泽文库古文书中的
金泽贞显书状里频繁出现的茶的关联记述中有"茶せん""ちゃせん"。茶筅
在称名寺制作，贞显借用在镰仓的茶会上使用的茶筅时指定"别太大的东西"
（金文一六四），看来称名寺聚集了各种茶筅。还是贞显，在延庆三年（1309）
正月的信里出现了"茶振"[②]。解说者解释为"搅拌茶汤的竹箸吧"。恐怕应该
解释为搅拌茶汤的工具，也就是茶筅。就是说荣西所介绍的抹茶法里没有明确

---

　　① 高桥忠彦《关于〈茶具图赞〉——研究与译注》（下），《东京学艺大学纪要》第 2 部门第 49
集，1998 年。

　　② 福岛金治《镰仓和东国的茶》《题目展图录镰仓时代的茶》，神奈川县立金泽文库，1998 年。

记载的茶筅在之后的日宋交流中得到了《茶具图赞》或者实物的信息，对于抹茶法来说，茶筅不可或缺。从贞显书状等的记载中看，从 13 世纪末到 14 世纪，茶筅已经普及。

那么使用现行类型的筅型茶筅的史料可以追溯到什么时候呢？在 16 世纪的绘卷《福富草纸》里可以看到室内放在袋棚上的圆案上立着茶筅，只是呈洗帚型①。从中世到近世初期描绘的参诣曼陀罗、都市风俗图中，频繁出现点茶的场面。例如大约作于永禄年间（1558—1570）的《高雄观枫图》（东京国立博物馆藏），在红叶下酒宴的旁边，卖茶的商人在用茶筅点茶，只是看不到穗的部分。另外，推测作于宽永年间的《东山游乐图》（高津古文化会馆藏）和《祇园·北野社游乐图》（长圆寺藏）中，女性在茶店店头点茶，几位男性坐在店里吃点心饮茶，可是仍然看不到茶筅。因为是竹制消耗品，没有传世的东西，很难确认实物，偶然可能是初期的例证在爱知县岩仓市的中世城堡的遗迹里出土了。

这个遗迹是在五条川中流域的自然提防上，文明十一年（1479），斯波、织田两家的纠纷和解后开始成为织田敏广的据点，永禄二年（1559）被信长所灭成为废墟②。木川正夫把从这里出土的茶筅状的竹制品与其他出土文物、茶筅做了细致比较，把茶筅状竹制品分为厨房用具（刷子）、乐器、茶道具三类，比较了形状，作为茶筅的特征是身部有削割。另外，有内穗与外穗的区别，而且在根部有编织的线交错分布的类型，认为这是村田珠光推荐、高（鹰）山宗砌开发的"艺术性茶筅的最早出土文物"。③根据这个分析，这个出土文物就成为证明开始使用由村田珠光开创的现代茶筅的时间下限的重要物证。

就是说可以推测在 15 世纪中叶，形成了现行茶筅，在茶汤里使用。同时，洗帚型茶筅在早期的抹茶法中使用，因为可以自制，只要有形态的相关信息就可以充分应对。就是说对于新传来的抹茶法来说，接受它并广泛普及的条件已经具备。

（三）碾茶制法的形成过程

下面看一下被称为抹茶的粉末茶原材料的叶茶的加工方法。前面提到的蒸

---

① 《日本常民生活绘引》第四卷，平凡社，1984 年，255 页。

② 铃木正贵《尾张据点城馆遗迹出土的濑户美浓窑产陶器》，《爱知县埋藏文化财中心研究纪要》第二号，2001 年。

③ 木川正夫《茶筅状竹制品的系谱——岩仓遗迹出土茶筅的地位》，《爱知县埋藏文化财中心研究纪要》第一号，2000 年。

制晒干茶的实态将在后面论述，首先确认高级碾茶的制作工艺。

用芦苇、稻麦秆的帘子或者寒冷纱遮盖在茶树上以调整日光量的覆下设置是现在碾茶园的特征，战国末期已经存在。陆若汉《日本教会史》中，茶汤所使用"新芽非常柔软、纤细、极度滑爽，因为霜打后茶树容易凋萎，受害，在主要栽培地的宇治广邑，种植这种茶的茶园、田地上建棚子，用芦苇或稻草的席子全部围起来，从二月到开始发芽，也就是三月末别遭遇霜害。"[①] 说是以除霜为目的设置覆下，当然另一个目的是抑制单宁的生成以加工更加甘美的茶。日本的记录中没有比它再早的了。因此，尽管不知道什么时候开始设置覆下，但是至少在 16 世纪末已经形成。就是说，满足贵显需要的高级碾茶的制作方法已经形成，在这个阶段与庶民的番茶采用了完全不同的栽培法。在这种像宇治这样动员数百采茶工的大规模茶园以外，还有大量的小规模茶园、生产自家用茶的寺院等，尽管无法做到覆下，但是在茶树上盖稻草等，而大规模的是覆下（现在还有作为简单的遮光、除霜技术在茶树上挂稻草的做法）。蒸这样仔细培育的新芽，放焙炉里干燥，这些茶中高级的作为碾茶粉碎，之外作为煎茶煎煮饮用。《本朝食鉴》在记载芽茶（以新芽为原材料的茶）制法以时，以碾茶制法为中心，根据施肥次数分为极、别仪等级别，在加工最下等的上揃、煎茶的茶园只施一次肥[②]。这说明作为商品的茶的加工无论是碾茶还是低级煎茶都一样。以商品生产为目的的茶园和制作以自己使用为目的的番茶的畦畔茶园从栽培方法开始就有明确的差异。

那么，采摘的茶叶用什么方法加工呢？碾茶制法的机械化始于大正时代。在宇治制作碾茶的堀井长次郎专注于以往手工制造工艺的机械化，开发了优越的干燥机。关于这个机械，《实验茶树栽培法》[③] 高度评价道："大正十三年在自己家试运作，效果良好，成绩斐然，大正十四年使用九台，其后更多，堪称碾茶机械之嚆矢。"大正后期，此外的竹田式、筑山式等也被开发出来，进而出现了京茶研式，碾茶制造的机械化快速发展。

相反地，在此之前是承袭了在近世初期的记录里所见到的制造方法。在前面例举的描绘茶园景象的陆若汉的记录中，关于制茶用的焙炉也有详细的记载。根据其记载，木制泥炉、灶之类"或者说是深缘高盆，或者说是没有盖子的大盒子的形状，长度 8 掌尺余（1palm=3 英寸 =7.62 厘米），宽是其一

① 陆若汉《日本教会史》上，大航海时代丛书，岩波书店，1967 年，567—568 页。

② 岛田勇雄译注《本朝食鉴》，东洋文库版第二卷，平凡社，1977 年，115 页。

③ 田边贡《实验茶树栽培法》，西原刊行会，1934 年，337 页。

半。其中放入筛过的很干净、很细的灰。灰中放入炭火，盖上同样的灰，弱化火势，调整为弱火，慢慢焙烤，别焦。这些灶上放细竹的格子，为了让它别收到太强的热气，特意使得这些格子不受强烈的热气，上面盖一层专用的厚纸。……蒸好的茶倒在上面。每个灶有三人位于两侧，慢慢焙烤。手与纸一起不断翻动茶，别焦，并让所有的茶均衡焙烤，因为是新芽，叶子都像鹰爪一样卷起来。"[1] 与这个记载基本一致的方法一直到近年为止实际使用于宇治的碾茶生产现场。反映这种情景的最早图像资料是京都市今日庵文库所藏海北友泉绘上下两卷的《宇治采茶图》。友泉是海北友松的曾孙，卒于宽保元年（1741），可以说是描绘了 18 世纪初的状况 [2]。两卷之中，上卷是宇治的风景，下卷详细描绘了制茶工序。这里具体看一下焙炉的场面。出现在这里的焙炉呈大箱子形，参照所描绘的人，其长度有二米以上，宽近一米，高约 60 厘米。是坐在旁边的凳子上工作的最佳高度。在这个长方形箱子里放入两列并排的炭火。其上箱子边缘承载着竹格子，再在上面铺了纸。蒸好的茶叶倒在上面，用约 30 厘米长的熊爪状的工具搅动茶并使它干燥，之后二人相对抬起纸。很可能茶被装在篮子里搬到隔壁房间进一步选别。在其他房间进一步干燥后再一次放进焙炉。如果这些焙炉被准确描绘，最初的焙炉更宽，可以处理更多的茶叶。而且是女性在工作，赤裸上身说明室温很高。

这里所描绘的景象正是《日本教会史》中的内容。而且，以这个绘卷为嚆矢，出现了几幅制茶绘卷，内容没有很大差别。绘制绘卷的目的应该是为了不知道制茶现场的顾客 [3]。

而且，这种形状的焙炉在养蚕时也使用。津轻藩的茶道役野本道玄在元禄十五年（1702）所著日本最早的养蚕书《蚕饲养法记》[4] 里写道：使用约一张榻榻米大小的焙炉，与"茶焙炉"的做法一样。可以看出制茶与养蚕之间有技术交流吧。被称为焙炉的干燥工具的形状在这个时期已经形成。

如此说来，在这种类型的焙炉普及以前是以什么形式进行干燥的呢？从《日本山海名物图绘》[5] 所描绘的宇治茶制作方法里可以看到，选别新芽后煮，倒在榨板上绞干水分，日晒干燥后用焙炉完成。这不是蒸青茶，而是所谓的汤引茶，近世初期开发的青茶制作方法。煮时加入灰汁以保持绿色，从这张图上

---

① 《日本教会史》上，570 页。

② 宇治市历史资料馆《宇治茶——从名所绘到制茶图》，1985 年。

③ 《座谈会读〈制茶绘卷〉》，《淡交》1982 年 6 月号。

④ 《日本农书全集》47。

⑤ 《日本名所图绘全集》，名著普及会复刻。

可以看到焙炉是纵型的箱子里放炭火，架在上面的棚架里放茶叶，箱子的前面垂挂着纸，以提高干燥程度，有保育、雪洞、助炭等注记。紧接着的画面里在用石磨磨茶，这一系列的绘画描绘了碾茶加工的情形，从蒸后干燥的正宗制法来看，这是旁门左道。

再一次想象荣西以来的焙炉构造，荣西所设定的焙炉可能使用木制的框架和高级日本纸。探讨中世信浓国的寺院里茶的真实状况的祢津宗伸介绍说，在例举永享十年（1438）定胜寺的杂器类中有"焙炉一个"的记载。表明在境内加工茶①，只是构造不明。只有一个是因为可以携带的大小吧。在时代上已经进入幕府末年的记录中，如下的民俗事例可供参考。

静冈县富士郡所属富士根村，安政年间已经在制造青制的茶，"其制法称地焙炉，在地上掘穴架竹棒（竖二尺七八寸，横五尺），使用焙炉，一人持三四个制造，而最初生叶用开水煮，日光晒，揉捻干燥后，再在前记土焙炉完成，其制品与番茶相比呈青色，品质优良"。②这个制法不是碾茶加工的东西，可以视为现在蒸制煎茶制法的前期阶段，可能很早就利用在地面掘穴的地焙炉了。

在长崎的对马，从 14 世纪开始，茶园就成为转让的对象，近世也在继续加工自己消费用茶，住在岩原内山的内山和夫（生于昭和二年，1927）1992年对笔者说，在使用锅炒的炒青茶以前，在室内的围炉里（嵌入地下的围炉）上放助炭（盖在围炉里上的纸糊箱子，以延长炭火燃烧时间），在上面拨散茶叶，完成茶叶加工，可是不知从什么时候开始，整个地区都变成了锅炒。在围炉里上架简单的助炭，不揉捻，仅仅是干燥，也许是残存了不揉捻、焙炉干燥的早期碾茶制法。

就是说，使用在地面上挖穴的地焙炉，或者灵活使用围炉里的简易焙炉，就可以在室内加工自己消费的碾茶。通过这种碾茶制法的普及，地方寺院、庄园里有势力的农民等就可以加工碾茶，使用抹茶法。相应地，在宇治开发了专用焙炉，作为地方产业进行大规模的茶叶生产。

早在建长元年（1249）的史料中就可以看到，镰仓渴望栂尾、奈良的茶。14 世纪中叶，栂尾茶等京都的茶难以入手，同时出现了很多史料反映在京都市周边各地也种植茶树③。据说宇治的著名茶师上林家在天正初年（1573 年以

---

① 祢津宗伸《中世地域社会与佛教文化》，法藏馆，2009 年，68 页。

② 富士郡茶业组合《静冈县富士郡茶业史》，1918 年。

③ 京都府茶业连合会议所《京都府茶业史》，1934 年，33—39 页。

後）移居宇治成为茶师，永禄二年（1559）的茶会上使用了上林的茶①。这是与前面陆若汉关于茶的记载直接关联的背景。于是，覆下和专用的焙炉很可能是在这个时期在技术上形成的。荣西回国后又经过了三百年，日本的碾茶制法达到了顶峰，并且作为宇治的地区性产业而得以确立。

（四）Bancha 的认识

这里再回过头来看陆若汉的记载。"日本人与他们学习茶的用法的中国一样，过去都是煮茶饮用。现在日本的一些地方的下层民众和农民还在饮用。称之为煎茶，就是煮茶的意思。"② 这种茶是与显贵们喜爱的抹茶相对应的庶民的茶，Bancha 被《日葡辞书》定义为"不是上等的，普通的茶"。

Bancha 对应的汉字有晚茶、番茶，不同于使用新芽加工的抹茶碾茶，Bancha 使用过了芽期、已经硬化的叶子，而且不分季节制茶，作为庶民的日用茶而利用。在山区以山茶为材料，平原种在地头，与茶园不同，是用不施肥的茶树制作的蒸晒茶。可以说碾茶制法是在这种简陋的蒸晒制茶法的基础上发展起来的。从这个意义上说，蒸晒茶支持了中世日本抹茶法的迅速普及。

那么，中世的庶民把这种粗糙的茶除了称为 Bancha，还有其他什么名称呢？

（五）柴茶

在室町时代的史料里出现了柴茶。大乘院向在奈良做生意的茶商征收名为"柴茶入公事"的营业税，永正十年（1513）围绕着征收权发生了纷争。桥本素子引用了《高山寺文书》中的"下品柴茶风情之物"，认为"农村百姓屋前栽培或零星茶园栽培，在院子里制作的茶等就是柴茶"。③ 所谓的柴就是砍柴的树枝，意思是像枯叶形态的低级茶。或者就像在寒茶制法里可以看到的，意思是把带着茶叶的树枝一起砍下来与砍柴一样。这个词一直到近代都作为低级茶的称呼使用。

在《民具问答集》里可以看到直到最近还在饮用的使用柴茶的桶茶（指振茶）④。在昭和九年的记录中，关于爱知县的柴茶和寒茶：

---

① 《京都府茶业史》，48 页。

② 《日本教会史》上，585 页。

③ 桥本素子《室町时代农村宋式吃茶文化的接受》《年报中世史研究》第二七号，2002 年。

④ 古典研究所编《民具问答集》（1937 年），《日本庶民生活资料丛书》第一卷，1972 年，263—268 页。

"柴茶"茶树从地面砍下老枝，来年春天从那里长出新芽，成长到一尺多高后采摘茶叶，蒸后晒干，放入锅里烧火炒。另外，寒冬摘取冰冻了的老枝茶叶随时使用，或者连带树枝远离火源焙干，即为"柴茶"。

报告者的窪田五郎是爱知县北设乐郡田口町（现设乐町）的居民。这一带有各种各样的制茶法和振茶等，是茶民俗的宝库。柴茶的饮用法只要开水煮就行。在民俗艺能的台词里也可以看到柴（芝）茶。静冈县岛田市初仓地区的"仙女舞"里有"初仓的桥头女人煮茶，桥头女人煮茶，出来浓芝茶"的台词，表现了煮饮柴茶的情形。

根据静冈县湖四市旧新居町中之乡的长田弥一郎（明治四十一年生）的说法，当时没有作为商品栽培的茶，为了制作自家用的茶，只在农田、河沿的一角有茶树。长出新芽，叶子变硬后，用手撸下来。因此，从5月末到6月，每年只加工一次。已经变硬的叶子撸下来，蒸后摊放在席子上，日光晒干。把它装进南京袋，分二层摊放，可以保存几年，不会潮湿。这种茶叫"柴茶"。使用时用焙烙炒一下，装一茶袋，放入茶釜里煮，想喝时用柄勺舀出来。颜色大红。柴茶在第二次世界大战时已经不再制作，很可能在昭和十年代初就废止了。此外，还使用柴茶做所谓的茶饭。用茶釜煮的柴茶红汤烧饭，稍微加点盐调味。"用普通的煎茶做饭会苦得无法下咽，但是这个很好吃"。

柴茶的说法在浜名湖周边很普遍，在湖西市入出，所谓的柴茶指用蒸笼蒸后晒干的茶叶，有时蒸后用焙烙炒，不揉捻就干燥后装入袋子保存，饮用时适当取一些放入开水里。据说这是过去的制法，本来柴茶是粗制的番茶，转而用于煎煮的东西。通过蒸阻止发酵，再晒干可以长期保存，根据需要，或者直接煮，或者用焙烙等稍微炒一下更有回味，这是使得茶拥有作为商品的可能性的最初的形态。

据说在以碾茶产地著称的爱知县西尾市，以前也使用柴茶的说法。另外，在爱知县北设乐郡，由搬运时使用的包装形态命名的"立茶"也属于这一类。在冈山县，曾把冬天加工的茶称为Sibacha。

（六）煎物

在"能"的间歇时间演出的"狂言"里也出现了茶。据说梗概、脚本流传至今的剧目有约260种[1]，茶在其中不时登场是因为它是当时流行的风俗之一

---

[1] 《狂言记》解说，岩波新古典文学大系。

吧。而且非常有意义的是存在两种茶。一个是出现了"今日大家翻山越岭聚集而来，有茶会（止动方觉）"，"今日有位行茶汤（飞越新发意）"等，这就是现在的茶汤。在这里当然是使用高级抹茶。例如在被称为《茶壶》的剧目里，相当于主人公用背带背上装满购入茶叶的茶壶在回家的途中，在路旁睡着了。这时小偷来了，把茶壶主人的一根背带拿在手上也躺在那里。茶壶主人醒来，和与他一模一样躺在旁边的小偷就究竟谁是茶壶真正的主人发生了争执。在向路过的武士诉说各自理由的台词里，壶主说："我的主人是闻名遐迩的茶数寄，每年在栂尾装茶。"但是，小偷也模仿他，台词完全一样，无法判断。最后乘二人争执之机，武士拐走了茶壶，可见名茶在茶汤中备受重视。

相应的，《卖煎物》里，住在下京的人为了商量祇园祭的演出节目和排练，把人们聚集起来开始练习时，出现了住在洛中的茶屋老板。这个男人一直在历次祇园会上卖茶。他开始大声叫卖茶时，被干扰练习的下京的人斥责他说：别卖茶！于是为了不打扰别人地卖，他让练习的歌声与叫卖的声音一致，那时卖茶的吆喝中有"煎物，煎物，请喝加了陈皮、干姜、甘草煎煮的煎物"的台词。

陈皮是晒干的橘子皮，有止咳、发汗的功效，干姜、甘草也有止咳、镇痛的效果。这里卖的茶是加入这些中药材一起煮的东西，是与抹茶不同的利用法（让人想起陆羽排斥的茶）。在当时以庶民为对象的茶屋里，很可能就是这种类似中药的茶，或者煮仅仅晒干的番茶卖。

（七）日晒难以下咽的茶

狂言《今神明》的故事梗概是，一对贫穷的夫妇经营着一家以宇治神明社的参拜者为对象的茶屋，无论是道具还是负责接待的妻子都毫无风采，被客人厌烦，于是打算关门大吉。其中在灰心丧气回家的途中的歌里有经营不善的理由[①]。

为什么不喝茶？不喝自有道理，木制的茶桶，没有上釉的陶器罐子，再加上伊势国的便宜茶碗，而且还不周正，日晒难以下咽的茶。人们不喝理所当然。

这对夫妻点的茶被称为"日晒难以下咽的茶"，评价很差。江户时代初期的宽永七年（1630）出版的古活字印刷本《御茶物语》[②]是关于茶的游戏风格的诗歌集，同样名称的茶出现在其中收录的一首夏天的诗歌里：

---

① 《狂言歌谣》，新日本古代文学大系 56，岩波书店，1993 年，337 页。

② 《室町时代物语大成》三卷，1975 年，309 页。

夏天日晒成茶，为了我们畅饮。

意为炎热的夏天"即便是日晒粗糙的茶也让我们感觉到一丝凉意，觉得好喝"。这里共通的所谓日晒是指用阳光干燥的番茶，自古以来在以伊势茶的产地著称的三重县四日市市水泽，现代也在加工日光晒茶。8月砍树取茶，是蒸后只要放门口干燥就行的简单的东西，也被叫做角番。

综合以上资料可以发现，在中世后期的日本，茶汤的抹茶与粗糙的番茶并存，就像葡萄牙人所看到的，存在上等茶和庶民茶的两个系列。

从这些中世史料中可以看到的柴茶、日晒茶是庶民日常饮用的粗放茶的真实状况。这里确认了它们的制法，是把茶叶蒸后晒干的简单方法。但是这个茶与用荣西介绍的制法加工的茶没有本质的区别，仅仅是是否强调新芽、使用焙炉等对于材料的讲究和干燥法的差异，可以说抹茶法迅速在寺院等普及并没有花什么时间。于是，针对追求更加优质的茶的呼声，开始制作作为商品的高级碾茶，修整茶园，认真施肥，进而设置覆下，形成了大规模的茶园。宇治是其中心，出现了表示茶的品质的语汇。

接着，再举实际内容与柴茶一样，因为在寒冷的时期制造，因而被称为寒茶的例子和由批发销售时打包形态命名的立茶的事例。尽管它们没有出现在中世的记录里，但是在思考制造时期和搬运方法时有参考意义。

（八）爱知县丰田市足助的寒茶

可以说蒸制而且不揉捻就干燥的制法其实是制茶的起源吧。这个类型的代表是爱知县丰田市旧足助町的寒茶。足助香岚溪的红叶名胜中有被称为三州足助宅邸的观光设施，出现在园内茶店里的是这里独特的"寒茶"。同町东大见的大山钟一氏（生于明治三十六年）说："番茶或煮或蒸，我们是煮。"山上野生的茶称之为山茶，切下老树枝，把带树叶的部分放开水里颜色会变红，煮到抖动一下叶子就会落下的程度，把它放太阳光下直接晒干。干燥时为了不让风吹走盖上去掉叶子的小竹条。近年来有人把它放进香菇干燥机里干燥。喝时从罐子里拿一小撮放进水壶，注入开水即可。用5月的新芽制作的茶（煎茶）是招待客人的，穷人平时大量饮用番茶。普通的茶不能与药一起喝，但是番茶可以。

另外，同町山谷的村濑吕久氏（生于明治三十四年）的说法与大山氏一样，在寒冷的时候，从靠近树根的地方砍下，把茶树枝塞进木桶或马口铁桶里蒸，不要日晒，摊放在室内铺设的东西上干燥。因为日晒的话会有臭味，加热的话会变黑。在笔者的实地调查中，没有听到寒茶的称呼，一般都称为番茶。

冈山县川上郡平川村在农历四月或八月加工番茶，此外，也有家庭在寒冬加工寒茶，说寒茶可以成为药①。与寒茶的名称和制造时期、制法基本相同的茶在四国也有，如德岛县那贺郡木泽村出羽及其附近的上那贺町长安。在出羽，进入12月开始山里的山茶叶子摘得像和尚头一样精光，用釜煮晒干。在广岛县神石郡油木町，用新芽制作炒青茶，自家在冬天做"柴茶"。据说可以作为药，茶树从根部砍下，把叶子捋下来，小花、细梗一起干燥②。

他们认为寒冷的时候做的茶养分浓缩在叶子里，可以加工出滋味更好的茶，其他地方或许与"寒"的民俗信仰相关，如相信寒水不腐，寒水放入壶里吊在房梁上不会遭遇火灾。另外，保存寒冬的糯米饼，随时加工成米花饼食用的习惯也很普及。足助地区也有同样的传承，把寒冬的茶理解为对身体特别好。

现代茶业界难以想象在叶子已经变硬，而且没有新芽香味的这个时期加工茶叶。这就像大石贞男所说的，茶的利用本来就与时期无关③。在这个意义上，寒茶是继最初介绍的日晒番茶、烤茶等古老时代的制茶方法而流传到今天的东西。松下智也说："采茶、制茶在大寒进行，本身在现在的日本完全超出常识"，认为"看一下日本茶的传来与制茶技术可以发现，在蒸制方法开始后才导入，日本茶的特殊性也在这里，因为这是日本茶叶制造的主流。中国唐代茶的制造方法的主流也是蒸制，在冬季制造应该也是认可的"，进而推测这种制法"过去在矢作川流域、巴川神越川等自古就有，随着年代的推移而消亡了，是这个地区的稻作农民自古传承的制茶技术"。就是说从足助的寒茶可以看到制茶技术极古老的形态④。

（九）立茶

立茶由于像柴茶那样粗糙的番茶成为商品时的运输形态而命名。作为商品的番茶大多装在草袋子里运输，所谓立是指以草席为材料的容器，可能是简单运输，尤其是内陆用马运输的形态。具体地说，在三河的山区，所谓立茶是指把席子竖起来里面放入茶，也称撸茶。就是在旧历六月土用（立夏前18天）把茶叶撸下来放桶里蒸，然后晒干的番茶⑤。

---

① 《笔录冈山的饮食》，农文协，1985年，523页。

② 《笔录广岛的饮食》，农文协，1985年，179页。

③ 大石贞男《日本茶业发达史》，农文协，1983年，43页等。

④ 松下智《关于足助町的寒茶》，《爱知大系综合乡土研究所纪要》第二五号，1980年。

⑤ 爱知县教育委员会《北设乐民俗资料调查报告书》1，1970年，32页。

江户时代，有从三河向信州运送大量货物的运输机关——中马。通过马匹运输的货物里不时出现"立茶"。例如，宝历十年（1760）七月到十三年十月的40个月里，经过饭田町（现饭田市）的中马的货物中，去松本的"立茶"有5 692驮①。一驮有两个14贯目的茶，简单计算的话就是159 376贯目，月平均3 984贯目。

如此看来，进入番茶范畴的庶民的茶中，尽管称呼多种多样，本质相同，都是蒸后晒干的茶。对此，笔者想强调的是，比如从三河运到信州的立茶，在信州被称为振茶，庶民层面使用抹茶法，但是在这个场合也没有磨粉，只是把煎煮的茶汁用茶筅打出泡沫。这种使用番茶的振茶在近世的记录里频繁出现，如后表所示遍及全国。下面，从民俗资料看振茶作为荣西以后最新流行的饮茶法扎根在庶民社会。

三、振茶的民俗

（一）富山县朝日町蛭谷的吧嗒吧嗒茶

一般说点茶是在抹茶里注入开水，用茶筅搅拌，在淡绿色的茶上出现细小的泡沫。可是作为民间习俗传承的振茶是在煎煮番茶的汁里加上盐用茶筅打出泡沫，似乎是玩味泡沫的饮品。因为表面看来相似，有振茶的起源是茶道的抹茶法流传到民间的产物，以及因为素材的茶不是粉末而是叶茶的番茶煮出来的东西，所使用的茶筅又是洗帚型等理由，所以是日本起源的民间饮茶法等两种说法。

首先介绍一下振茶的典型事例。很早就作为特别的饮茶法而被关注的是富山县朝日町蛭谷的吧嗒吧嗒茶。所使用的茶不是本地的，而是福井县三方町制作的被称为黑茶的后发酵茶，因为昭和五十年代末停止生产，现在使用学习过的富山县农民制作的茶。这个茶用放在地炉上的瓦罐煎煮，倒入比抹茶茶碗略小的五郎八茶碗里，用被称为夫妇茶筅的两把细竹丝绑在一起的茶筅搅拌。搅拌时，茶筅碰到茶碗口发出声音，于是被叫做吧嗒吧嗒茶。喝茶那天多是祖先忌日等与佛教相关的日子，基本上总有哪家在做，手拿装着各自的茶碗和茶筅的小布袋的主妇和年长的女性聚集在一起。一面吃咸菜，一面聊家常消磨时光。

二、《吃茶养生记》源流研究

---

① 《自宝历十年七月至十三年十月中马出入见分出役取调饭田町笔录》，《长野县史资料编近世·南信》，1983年，221页。

　　吧嗒吧嗒茶到了2000年前后基本上不再日常饮用，变成每月逢5读经讲法例行聚会小讲的6次，以及此外家家户户的各个忌日，每天上午聚集在老人家中举行。小讲是净土真宗的聚会，在佛前祷告领解，唱诵一次改悔文后饮吧嗒吧嗒茶①。在富山县朝日町全域、入善町一带、黑部川东岸一带之外，新泻县的市振、亲不知、青海、丝鱼川、屋敷等沿日本海广泛的区域也举行吧嗒吧嗒茶②。但是相对于蛭谷等地各自点茶，而且使用黑茶，丝鱼川是主人点茶，使用加了茶花的普通番茶③。加茶花是为了更容易出泡沫。

（二）出云的噗忒噗忒茶

　　包括吧嗒吧嗒茶在内的总称振茶的习俗除了广泛分布在富山县东北部，在日本各地都可零星看到，尽管名称稍微有些差异。比如岛根县松江的噗忒噗忒茶、冲绳的呸库呸库茶等，还有用桶代替茶碗的振茶，不少地方称之为桶茶。

　　出云的噗忒噗忒茶在松江市内到战前为止非常普遍，现在只保留在一部分的人群里，或者在吃茶店里向观光客提供，或者在车站的商店里作为土特产销售。同在岛根县的安来市大塚丸山町，时至今日主妇们仍然享受着噗忒噗忒茶的快乐。女性们各自带来咸菜、煮豆聚会，用水壶煮番茶倒入茶碗，在自制茶筅的尖端蘸上一点盐"振"（图1）。泡沫起来后拌入喜欢的料吃。这里使用的番茶是仅仅阴干的番茶，在里面拌入茶花煮成。真宗地带的安来市的噗忒噗忒茶在忌日前夜于住处招待全部人员。也称哼忒哼忒茶。只有盐不放食物时称素茶，喝了几杯，最后用素茶结束。

　　同样，在八束郡鹿岛町御津，在喜庆活动中邀请邻居、亲戚时也上噗忒

图1　享受噗忒噗忒茶，岛根县安来市　笔者摄影

　　①　清原为芳《佛教民俗　吧嗒吧嗒茶》，自家版，2001年，16页。

　　②　清原为芳《吧嗒吧嗒茶的习俗》，《富山史坛》71号，1979年。

　　③　本间伸夫等《东西食文化的日本海一侧的接点的研究——几个关于"食"的接点位置以及吧嗒吧嗒茶》，《日本食生活调查研究报告集》第五号，1988年。

噗忒茶。采摘野菊花阴干后剪切成约 4 厘米长短，或者炒一下，或者就这样与番茶一起煮，因此也称菊茶。往噗忒噗忒茶碗里注入茶水，茶筅尖端蘸上盐点，不放料，一面吃咸菜，一面喝茶。或者放入饭，不用筷子，用手拍动茶碗聚集起来放入口中喝下。这与德岛县、山口县的底振茶一样。

相似的利用法沿日本海岸东上，有福井县小浜地区江户时代初期举行的记录，进而最早的从富山县鱼津市到新泻县朝日町、入善町非常广阔的范围以吧嗒吧嗒茶之名举行。以日本海的海上交通为契机而传播的可能性非常高。

（三）四国的噗忒茶与炒面

与噗忒噗忒茶非常相似的名称并搅动番茶的例子在四国也有。香川县琴南町福家的竹地弘氏（大正十一年生）说，煎煮日晒番茶注入五郎七茶碗，自制的茶筅上蘸少许盐搅动，打出丰富的泡沫（图2）。在泡沫上放炒面，慢慢转动茶碗，感觉泡沫包上了粉末时，像放嘴里吞一样地喝。在这里下午两点前后吃点心称之为茶泡饭，其实并不是真正吃茶泡饭，按照地方的表现方式的话是"喝炒面吗"的意思，吃这种食品。因为在当地已经不再制作番茶，使用普通的茶为代用品让我们看了搅动的方法，可是无法打出丰富的泡沫。仅仅作为形式，试着在它上面放了炒面，粉末粘在喉咙口呛住了。相反地，如果打起丰富的泡沫，粉末就会被泡沫包裹起来顺利通过喉咙。奥三河也在喝

图2　噗忒茶，香川县琴南町
笔者摄影

用桶点的请茶时基本上吃豆粉。吃火耕地带主要的食物素材豆、麦最简便的方法就是把豆类、炒麦磨成粉末，原型食用困难，做成这种粉类对方便食用意义重大。与振茶的起源无关，与粉食组合是振茶习俗在山村保存下来的重要原因。

（四）南岛的振茶

冲绳县那霸市的唝库唝库茶异乎寻常地重视泡沫（图3）。努力复活战后完全衰落的唝库唝库茶的新岛正子、安次富顺子研究那霸市自来水中哪里的

二、《吃茶养生记》源流研究

配水场的自来水最容易打出泡沫①。本来是战前的那霸市场等处卖的庶民的点心（饮料），可是战后被遗忘了，在逃过战争灾难的道具的基础上复原了。同样在冲绳县内，过去上流社会住的首里完全不使用，这是庶民的东西。使用的茶是被称为香片茶的中国产茉莉花茶，而且便宜的更好。把它用炒米煮的汁在茶壶里沏泡，倒入直径约30厘米的大桑木碗里，用大洗帚型茶筅（比一般茶筅长，也粗，把食指和中指插进去拿住），打出泡沫。茶碗里放一点赤豆饭（普通的饭也可以），浇上这个茶汁，最后在大量泡沫上面洒捣碎的花生。不使用筷子，像吸进去那样吃（喝）。安次富引用东恩纳宽惇的说

图3　呿库呿库茶，冲绳县那霸市　笔者摄影

法，这是博多僧传播来的，改造了以那霸为中心的茶聚会的点茶方式。

　　鹿儿岛县德之岛有被称为啡茶的振茶。在大岛郡德之岛町龟，仅仅把番茶打出泡沫，不混杂食物。正月和旧历九月以及旅行的第三天，在庆祝时重视啡茶。平时也在饭前、饭后、吃点心时的茶泡饭、或者稍微有了点什么事，大家聚集起来时以此为乐，但是"冠婚葬祭等特别的日子里不用啡茶"。在当地，cha'ui（茶桶，音近中国茶碗）里放入从釜里盛过来的茶，用被称为sasun的茶筅打泡沫，从桶里直接分到茶碗里。茶筅使用去掉叶子的熊笹细枝，再用细绳一枝一枝捆绑起来②。与德之岛町相邻的气仙町阿权，也使用cha'ui和茶筅点茶，茶筅是把竹筒的前端劈成细条的东西，还有与德之岛町一样，绑起五三竹，利用前端细枝的类型③。

　　仅仅管窥这些现行民俗事例也可以发现，被称为振茶的这种抹茶法广泛传承，而且希望大家注意实际使用享受的是女性。

①　安次富顺子《呿库呿库茶》，Nirai（理想国）社，1992年。

②　漆间元三《振茶的习俗》，国土地理协会，1982年，126页。

③　松夫佐江《绿鸠通信》23号，1998年。

（五）关于振茶起源的各种假说

振茶的前驱性研究者漆间元三解释说：尽管振茶酷似抹茶法，却不使用抹茶而是番茶，以及把打出泡沫称为"立"，振茶是通过打出泡沫而祈愿药神显现，以增加药效的信仰性行为①。同时，使用振茶时，女性位于一般只有一家之主才能坐的围炉里横座处，在德之岛等地，基于做饭的窑屋独立于母屋的民居形式，窑屋作为女性做饭的场所，是女性专用空间，不过把窑屋与母屋连接起来进行炊事的围炉里的横座让给了男性，只有女性才能在炉边举行吃茶的振茶茶会时，两栋构造时代的窑屋在这里被再现②。

无法苟同漆间从信仰角度的阐释，但是他注意到烹饪场所与女性（主妇）的关系，这点非常重要。笔者根据振茶所使用的是番茶，番茶在茶粥等烹饪中广泛使用，因为在家中女性是饮食、继而是围炉里的火的管理者，因此认为振茶成为女性聚会的媒介③。

这种以民俗事例为中心考察的振茶在后面的表里可以看到在近世史料里以很高的频率出现，而且考虑到作为日常茶的饮用法从东北到四国基本上遍及全国而被记录下来，很可能过去振茶是庶民在室内的日常吃茶法之一。例如考证了近世所有事项，内容也值得信赖的《喜游笑览》（文政十三年，1839 年成书）中尽管有如下记载，但是其意义仍然没有得到关注：④

> 过去都鄙都用茶筅点饮晚茶的煮汁，故而洗帚匠常卖茶筅。黄檗宗隐元禅师传来唐茶制法，由此开始出茶，药罐的长嘴也是这时出现的。许六在云茶店铭里写道："云茶、散茶，按需采用。"所谓云茶是指磨茶，散茶指叶茶。烹茶（煎茶）变精致与淹茶（出茶）同时。

在从文政时期回顾的过去，无论是街道还是乡村都在喝用茶筅点的煮晚茶，洗帚匠也一直在叫卖茶筅。可见煮番茶再用茶筅搅拌的习惯广泛分布。

如果进一步追溯，记载江户风俗的《宝历现来集》⑤说：

> 迨安永（1772—1780）天明（1781—1788），老人汲取朝茶，喜欢饮用用茶筅击打出泡沫的茶。现在没有这样的人了，有时乡村老人

---

① 《振茶的习俗》，62 页。

② 漆间元三《续振茶的习俗》，岩田书院，2001 年，80 页。

③ 中村羊一郎《番茶与日本人》，吉川弘文馆，1998 年。

④ 喜多村筠庭《嬉游笑览》第四卷，1783—1856 年，岩波文库，358 页。

⑤ 山田佳翁《宝历现来集》，著于天保二年，《续日本随笔大成》别卷 7，吉川弘文馆，1928 年，246 页。

中还可见。其时在浅草观音地界内开设杨枝店（相当于后世的牙刷）里，家家都在卖茶筌，最近基本看不到。过去磨粉时，用此茶筌拂磨，现在用小扫帚拂拭，不再每家有茶筌，宽政时代之后不管什么都发生看变化。

因为这个茶筌用来拂拭磨，用洗帚型的茶筌搅拌番茶，作为朝茶饮用。这是在天保时已经消亡的风俗，在乡下的老人中间还偶尔可见。这个记载与上田秋成《清风琐言》所说"边土风俗"相通①。

> 茶本烹点分制。自后世中下粗制出，成别种二用者也。今亦边土风俗中，捣舂茶叶，或揉碎等。烹后用茶筌点服，是亦称泡茶、振茶，盖为上世遗风。

近世的若狭即福井县小浜市内也使用振茶。有宝历七年（1757）自序的《拾椎杂话》中，"直到六七十年以前，玩赏用茶筌点煎煮的茶起泡，朝夕如此。身份低下的老头老太点茶，其时之习也"。40年后这种方法被废止，"因为老人平时饮用的茶变成了煎茶，所以就看不到茶筌了"。②就是说到18世纪10年代末为止，普遍喜爱用茶筌打出泡沫的振茶，被煎茶取代，茶筌等也看不到了。

考察这些事例可以发现，从战国末期到近世初期的绘画史料中可以看到的抹茶法很可能相当部分使用煎煮的番茶汁振茶。于是，大量史料说明到了近世中期，振茶广泛普及到日本全国。

四、振茶与桶茶

（一）桶茶的背景

振茶有一个个茶碗搅拌的方法和使用大容器一次点茶再分到茶碗里的方法，由于其容器使用桶，所以很多地方也把振茶称为桶茶。

记载近世骏府（静冈市）世态的《骏河志料》的"箴村"条中说："此国的风俗自古朝夕煎茶，倒入桶中，抱着桶，用箴搅拌饮用。这种箴在这里制作，就是茶筌。近世不再有此。"③进而引用"糊涂老姥在小桶里倒入茶"的童谣。老姥是老太太的意思，可见用小桶搅拌茶的还是女性。顺便说一下，

① 上田秋成《清风琐言》，《上田秋成全集》第九卷，中央公论社，1992年，293页。

② 木崎惕窗《拾椎杂话》卷二，福井县乡土志恳谈会版，1954年，112页。

③ 《骏河资料》卷之三十八，历史图书社版第一卷，1969年，851-852页。

尽管是大正初期编撰的，与《玉川村志》一样介绍了静冈市山区旧玉川村的振茶①。

　　过去炊茶放入茶臼磨粉，其粉放入桶（三升樽），在锅里烧水，把开水倒入桶中搅拌后，倒入茶碗里饮用。新婚妻子负责搅拌此桶茶，迎娶新娘时为人们振茶，纷纷道喜。

　　刚才作为柴茶的例子引用的一部分《民具问答集》中，对于奥三河的柴茶的饮法，夏目一平两次报告了所谓"茶桶与茶筅"。明治中期，距离爱知县北设乐郡津具村约二里的北方信州境内的猪古里，把点茶的样子"在茶的正中间放入两个茶包（用麻布或者藤布做的五六寸长，四五寸宽的袋子里，放入柴茶，细麻绳扎口），浓厚地熬煮后呈红色（基本是黑红色吧），用柄勺舀进桶里，用竹叶一样的东西搅拌，打出泡沫后，连泡沫带汁水一起用小柄勺舀进专用茶碗饮用，但是千佳姑娘饮后觉得不好喝"，进而作为同一个村落出身的男性在孩童时代的体验，"用大约一尺长的竹子纤细分割成洗帚或者桨状的木棍，大约搅拌三十分钟自然而然打起泡沫，等到小桶里充满泡沫，用小竹柄勺舀到专用茶碗里饮用，喜欢的人要喝一桶"，此外还记录了丰根村在把茶倒入桶里时要放入一撮盐搅拌的传说，附加的小桶照片上有19厘米高的标记，立在旁边的洗帚型茶筅基本同样高②。

　　根据原田清的介绍，称为柴茶的粗制番茶放入茶袋在茶釜里煮，用茶柄勺从茶桶里盛取，稍微加一点盐。把它像抱着似的放在左膝上略倾斜，右手的茶筅快速搅拌。泡沫满桶后用小茶勺连泡沫带茶水舀入饭碗大小的茶碗里，泡沫堆得像小山，像吸一样地喝。泡沫粘在嘴的周边。这时一定吃香煎③。

　　这与冲绳县那霸市的呋库呋库茶惊人地相似。与奥三河的桶茶相比的话，只是把桶改成木碗，把平时的柴茶改成茉莉花茶，把香煎改成饭和花生，本质上完全一样。

　　再举一个桶茶的事例。在岛根县仁多郡横田町大吕被称为 ukejya 的当然是指桶茶，在这里正月做放入黑豆的茶粥，盛在容器里再放入桶中。把桶放旁边，用洗帚型的茶筅搅拌自己加工的番茶。虽称桶茶却不直接使用桶。但是因为据说过去使用的茶筅比现在长，很可能有为了在桶中搅拌的茶筅。就是说，虽然看上去方法不同，其实这也可以视为用桶搅拌茶再分

---

① 稿本《玉川村志》，静冈县立中央图书馆藏。

② 《民间问答集》，263—268 页。

③ 原田清《山村吃茶民俗》，《设乐》1937 年 5 月号，复刻版，524 页。

成小份（图4）。

这种桶茶与呀库呀库
茶原本是相同的东西，都
是在大容器里点大量的
茶，给聚会的人们分成小
份，大家一起快乐饮用
形式的茶。这让人联想
起西大寺用大茶碗传饮，
如果最初以传饮为目的，
那么一般应该使用相应
大小的茶碗。不能视为
招待众人的茶在大茶碗

图4　桶茶，岛根县仁多郡大吕　笔者摄影

里一次点好，然后分盛饮用吗？尽管西大寺的大茶盛被视为始于延应元年
（1239），但是没有史料依据。也有起源无法追溯到这时的可能性。因此，
也许可以想象它不是使用碗而是桶。被桶茶的名称所缠绕的振茶是聚会吃
茶法以本来的形态传播到地方上的东西，保留了在荣西以后的寺院大众茶
的形态。

　　如果设定用桶点茶，注意到前面的狂言"今神明"里，对于卖茶已经绝望
的男人的小曲里出现了"那个母茶桶"。这是桧木制的桶，也许也是以几个人
为对象一次点茶的桶。在奈良县吉野郡大塔村，围炉里的主妇席位的席名里有
茶桶座（《综合日本民俗语汇》）。奈良县没有桶茶事例的报告，但是从橿原市
至今仍有被称为大茶的振茶（当然不是桶茶）上看，这个座名是主妇做振茶的
一个残留。

　　进而在四国，各地都有家庭每天早上在桶里放入茶供在佛前，这个桶被称
为茶汤桶。桶高度、直径都是12、13厘米，有带一个把手的手桶型和普通的
桶型。手桶型在爱媛县周桑郡的石锤等，普通造型在德岛县那贺郡木泽村、名
西郡神山町神领寄居等都有。也许都是长久以来被线香熏的原因，已经乌黑。
在同县那贺郡羽浦町古庄，每年盂兰盆会上与团子、花点心等一起，倒入茶供
奉①。现在到佛具店去看的话，都没有销售这种桶，几乎所有家庭都把陈旧的
桶处理掉改用茶碗了，我觉得这些茶汤桶都与桶茶有关。四国也有被称做啵忒
茶的振茶。完全是推测，过去有使用小桶的桶茶习俗，但是很早就被废弃了，

----

　　① 《德岛饮食》，农文协，1990年，234页。

只留下桶作为放茶汤的容器供在佛前。如果供茶用，可以使用白木碗，白木碗在古代宗教活动中被视为非常神圣的东西，与汲取阏伽水（功德水）的桶相通的茶桶作为在佛前供茶汤的容器非常合适。就是说，茶汤桶是振茶桶名称的残存。

前面关于焙炉的地方引用的信浓国定胜寺什器类里，与茶碗等一起还有"茶水桶 曲物三个桐桶一个"。对此，祢津伸宗指出，不是盛放要烧的水的桶，而是茶汤桶。①

（二）振茶与盐

进而再思考振茶中不可或缺的盐的问题。就像下面的振茶一览表所反映的，在多数场合茶里要加盐。从玩味的角度看，有缓解茶的涩味和摄取人体必需的盐分的意义。本来茶就加盐饮用。这让人联想起在《茶经》中，尽管陆羽主张茶要单纯地品味，也还是要加盐。

与此相关而应该注意的是平安时代的《经国集》中录用的宫女惟氏的诗。其中"山傍老"摘山中茗的新芽，用围炉里（原文是金炉，炉的美称）烤炙使茶干燥，煮出汁水盛到碗里，"吴盐和味味更美"，就是说加入盐味道更加美。这里描写的茶叶制法是最原始的制法而且就是被继承至今的烤茶。

因此，思考一下茶与盐的密切关系，可以解释为这里记载了不同于宫廷里唐代陆羽风格饼茶的民间的番茶。这首诗的主语山傍老的实态先放一放，因为可以理解为山里的男人，这里的茶是自己家里消费的番茶的可能性就更大了。没有可以进一步证明这首惟氏诗的内容的史料，但是从平安时代开始在茶里加盐这种亚洲共通的饮用法很可能在日本也存在。在中国，到了宋代不再往茶里加盐，荣西传来的宋式抹茶法中不再加盐。中国大约在 11 世纪把盐排除在茶之外。

那么，从振茶与盐的关系能说些什么呢？笔者有如下看法。振茶模仿上流社会的抹茶法在庶民世界立足时，尽管原本的抹茶法里最初就不加盐，而振茶却被加盐的原因是庶民饮用番茶时盐不可或缺。对于庶民来说，茶理所应该加盐。一直在番茶里加盐饮用的庶民模仿抹茶法时也没有抛弃盐。

群马县世良田长乐寺的《永禄日记》（《群马县史》）里有"饮盐茶"（永禄八年七月二十五日条），"茶子少用，吃盐茶"（同年九月二日条），可以解释为茶中加盐饮用。在寺院里也在茶里加盐。

① 《中世地域社会与佛教文化》，66 页。

上流社会的抹茶法随着时代的推移追求精神的深化，完成了独特的发展，而模仿其形式的振茶始终沿着日常茶的基本性质发展。茶与盐的关系以如下的形式一直持续到幕府末年。秋田藩士、被称为伊头园的石井忠行（1818—1894）关于秋田城下的茶事情有如下记载[①]：

> 迄近年为止，仙北一带的古风之家，用沙陶平锅煎茶，在铁制小釜里咕嘟咕嘟地煮后盛茶碗里，小瓶里放入盐，用杉箸木匙舀少许盐放入茶中搅拌饮用。八森岩馆一带经常饮用濑波茶，把皂荚的芽、鸟不宿的芽，还有一种不知什么的芽三种合在一起晒干使用。以前瓦罐烧水，往开水里倒入茶，现在指另外煮开水放入茶的小瓦罐。重新制作各种各样的器物越发漂亮。……此匙很可能是在栗子树枝上加杉树图案的箸，放盐的小瓶置于茶盆上。茶是中流以上的生活，至于一般管事下面的老百姓，不可能经常喝茶。

在有传统的家庭，有饮番茶时从盐罐往茶里放盐，再用在杉箸尖接上栗枝的"杉匙箸"搅拌的习惯。杉匙箸发挥了与茶筅同样的作用，可以视为振茶的一种，可见在近世似乎普遍往茶里放盐。

已经例举了爱知县的桶茶事例，还有记载说，在长野县下伊那郡向方的有钱人家里，对禁止佣工往茶里放盐时，被质疑"没有盐能饮茶吗"，把茶筅尖端做大一些用它偷来盐放入茶里，一年轻而易举地用了三俵（1俵4斗）盐[②]。

（三）振茶的终结

文人们爱好的茶想当初是中国式的唐茶。隐元带到日本来的茶大概是在中国福建省一带盛行的功夫茶，模仿其饮用形式的饮茶习俗在文人中流行。对他们的茶产生深刻影响的是卖茶翁和最终完善蒸青煎茶制法的永谷宗元的相逢，新型茶逐渐推广。随着这种用茶壶沏泡饮用的茶的普及，大大改变了原来番茶的地位。即在上流社会的抹茶以及高级煎煮茶与庶民日用番茶的两大类茶之间加入了使用茶壶的高级煎茶。最终，从这种茶孕育出煎茶道，形成独自的礼仪规则，主要由男性主导。蒸青煎茶进一步普及后，广泛使用茶壶或者陶壶，在都市里原先煎煮饮用番茶，而后相应于购入者的经济能力，即便是低等品也是那样注入开水倒入碗里的饮用法变得更加普遍。根据近世中期在江户市内上门销售茶的骏河茶商的记录，极上品的茶和廉价茶的价格差有8倍之大。宝历年

---

① 《伊头园茶话》一之卷，新秋田丛书7，历史图书社，1971年，11页。

② 《山村吃茶民俗》，527页。

（右侧竖排）荣西传来的抹茶法的行踪／中村羊一郎

109

间的账单上有多达 75 位客户，其中多数是手艺人和商人，记录了木匠、裱糊匠、桶匠、叠匠、豆腐坊、染坊的名单 ①。

就这样在都市居民中间，作为不同于农民自制番茶的商品茶（低级茶的代名词的番茶）普及，振茶是落后于时代的遗存。同时，在茶里混合盐、与饮食关系密切的古老习惯逐渐淡泊，与它并行，茶与主妇的关系也在城市被遗忘了。

五、结语——抹茶法与振茶是同根的习俗

荣西在《吃茶养生记》里阐述的由宋传来的抹茶法是舶来的新吃茶法，在武士、寺院、贵族间普及，不久之后，排除像斗茶那样享乐要素的茶道作为日本的代表性综合艺术发展起来。另外，庶民社会也开始流行这种新的抹茶法。其背景是制茶法与已经作为日常饮料而存在的番茶制法在工艺上基本没有差异，为了点出泡沫的茶笼是简单的洗帚型，可以自己简单制作。

用焙炉精心干燥有历史渊源的茶园的茶，研磨之后用舶来的茶碗饮用是显贵的礼仪，如果研磨简洁制法的番茶，融化其粉末，或者用煎煮番茶的汁，用自制的洗帚型茶笼搅拌，一般的农民也可以体验最新流行的抹茶法。这就是庶民社会普及的振茶。

使用番茶成为通过饮食而让关系密切的女性享受振茶的契机，振茶成为女性茶会不可或缺的东西，尤其是用桶点茶分盛。共享快乐的桶茶从集团性出发，成为大家一面饮茶，一面聊天的机会。所谓大茶就是指这种以振茶为中心的女性的聚会 ②。但是，大茶本来可能是指为了款待寺院大众而一次点大量的茶。西大寺的大茶盛现在被视为比较珍奇的风俗，其实也许可以把它视为本来是用桶点茶再分盛，大规模招待的寺院活动。它是体现茶的集体性的东西，在庶民社会成为通过饮食加深了与茶的关联的女性们的大茶。

这种作为集体的快乐的振茶（大茶）在个人吃茶时也使用，继承一直以来的番茶饮用传统，普遍加盐。但是随着蒸青煎茶和茶壶的普及，振茶给人落后于时代的老人爱好的印象。与高级煎茶无缘的庶民虽然继续饮用番茶，但是振茶这种麻烦事与时代趋势不吻合，逐渐被遗忘，在市民看来是残存在边远地区

---

① 岛田市史编撰委员会《岛田风土记·故乡大长伊久美》，岛田市教育委员会，2003 年，158 页。

② 中村羊一郎《茶的民俗》，《讲座日本茶汤全史》第一卷《中世》，思文阁出版，2003 年。

的古老习俗。

　　总之，以荣西回国为契机进入日本的宋代吃茶法在之后通过如圆尔等留学僧进一步在寺院显贵之间普及开来，同时作为最新流行的吃茶法也被民间广泛接受。就是说宋式抹茶法虽然由于接受、发展的社会阶层不同而出现了"茶道"和"振茶"迥异的形式，但是同根的吃茶法。

　　而且一个成为男性社交不可或缺的艺术，另一个成为女性聚会的代名词。明治以后，茶道作为女性的嗜好在女性社会普及，当然在很大程度上与茶道家的努力推广密不可分，女性与茶本来就有联系，与其说茶道的世界为女性所有，不如说女性与茶的关系通过女性聚会的形式复活了。

三、荣西《吃茶养生记》古今谈

姚国坤 1937年10月生，浙江余姚人，1962年毕业于浙江农业大学（现与浙江大学合并）茶学系。从事茶及茶文化科研教学56年。中国农业科学院茶叶研究所研究员，曾任栽培研究室主任、科技开发处处长等职。1996年任中国国际茶文化研究会任常务副秘书长，2003年任全国第一个应用茶文化专业负责人，2005年任全国第一所茶文化学院副院长。现为中国国际茶文化研究会学术委员会副主任、世界茶文化学术研究会（日本注册）副会长、国际名茶协会（美国注册）专家委员会委员。1972—1975年赴马里共和国担任农村发展部茶叶技术顾问；1983年赴巴基斯坦考察和组建国家茶叶实验中心。20世纪70年代以来，多次赴美国、日本、韩国、马来西亚、新加坡等国家，以及香港、澳门地区进行学术交流，讲授茶及茶文化。曾先后组织和参加过20多次大型国际茶文化学术研讨会。公开发表学术论文223篇，出版茶及茶文化著作69部。因为发展我国茶业技术事业做出的特殊贡献，1993年受国务院表彰，发给政府特殊津贴，并颁证书；同时，工作期间先后4次获得国家级、省级、部级科技进步奖；1992年，中国科普作家协会、中国农学会等五团体授予"80年代以来有重大贡献的科普作家"称号；2011年中国国际品牌协会等三团体授予"中国茶行业特别贡献奖"；2013年经浙江省余姚市人大常委会表决通过授予"乡贤楷模"称号；2016年，中国国际茶文化研究会授予兴文强茶特别贡献奖；同年，中国茶文化国际交流协会、中国新闻传播中心授予"中国茶行业终身成就奖"；2017年国际茶业大会组委会授予"国际茶文化杰出茶人"称号。

荣西上天台山的来龙去脉与茶事踪影

姚国坤

日本荣西，在佛学上的造诣很深，为一代高僧。可他在中国人民心目中的地位，影响最深的是"日本茶祖"，是日本茶文化发展史上的一代宗师。在中日茶文化交流史上，又是一位友好使者。荣西二度上中国天台山修禅习茶，为此取得的成就，做出的贡献，可谓永驻人间，彪炳千秋（图1）。

图1 天台山是"佛宗道源，帝花仙浆"之地

一、荣西西渡中国的时代背景

荣西西渡中国，意在学佛。佛教起源于古印度，但荣西却为何来中国学佛？这是因为佛教虽然起源于古印度，但它的繁盛却是在中国。

（一）佛教传入中国

佛教创始人为释迦牟尼，但佛教最早从古印度传入中国的确切年代，很难考定。认信度较高，且为多数历史学家所认定的是源于《白马驮经》的故事：东汉永平年间（58—75），明帝梦见身披金色，头顶光环的神人，在殿前绕梁飞行，大臣傅毅告之为佛。于是明帝派遣蔡愔等西行求法。永平十年（67）在大月氏遇见西域僧人摄摩腾、竺法兰，便邀请他们来汉传授佛法。于是他们便用白马驮着佛像和经卷，回到洛阳建起首座寺庙——白马寺。在佛教传播史上，一般以这种说法作为佛教传入中国之始。

汉时，由于佛教传入中国的时间不长，地区有限，信徒不多，仅限于上层。

魏晋南北朝时，社会颠簸动荡，民族矛盾加深，人们不仅急需切实有效的帮助，更需要精神的支撑。而佛教的主旨在于"和"，于是佛教在中国传播越来越广，兴建寺庙、开凿石窟日渐增多，大同云冈、洛阳龙门、天水麦积山等石窟造像的开凿就是例证。

隋唐时，中国的佛教已进入繁荣和鼎盛时期，并形成了众多佛教宗派的林立。自此，佛教在中国取得了很快发展，同样也影响着邻邦日本。

（二）中日茶文化交流之始

中日两国，一水之隔。中国茶进入日本，有人认为始于汉代。因为汉武帝东征后，日本派遣使臣来中国洛阳，汉武帝曾向使臣还以印绶。此后，中日两国经济文化交流更加密切。

公元 630 年，日本国就开始向中国派遣唐使、遣唐僧，至 890 年，先后派出近 20 次派遣唐使、遣唐僧来华。而这一时期，正是中国茶文化的兴盛时期。

与此同时，中国扬州大明寺鉴真和尚（688—763），应日本在华留学僧荣睿和普照之邀，五次东渡失败，终于在天宝十二年（753）第六次东渡到达日本。因鉴真大和尚通医学，精《本草》，也带着茶去日本。

又据《日吉社神道秘密记》载，804 年，日本国钦派最澄（767—822）禅师及翻译义真等赴中国浙江天台山国清寺学佛。次年回国时把茶种带回日本，种在日本滋贺县比睿山日吉神社旁。后人还立碑为记，称之为"日吉茶园之碑"，成为中日茶文化交流的重要佐证之一（图2）。对最澄在佛教文化和茶文化作出的贡献，日本嵯峨天皇（786—842）大加赞赏。嵯峨天皇还作

图 2　日本比睿山麓的日吉茶园碑

《和澄上人韵》诗，对最澄深加赞美，其中也谈到茶事："羽客亲讲席，山精供茶杯。"

接着，弘法大师空海（774—835）于804—806年到中国留学，他在长安青龙寺学习佛法（图3、图4），回国时也带回茶籽，种于京都佛隆寺等地，后来发展成为日本太和茶发祥承传地。至今，在佛隆寺前还竖有"太和茶发祥承传地碑"（图5）。

另外，空海还特地把中国天台山制茶工具"石臼"带回日本仿制，从此中国的蒸、捣、焙、烘等制茶技艺传入日本。所以，在空海所撰的《性灵感》中提到过"茶汤"之事。

图3 中国西安青龙寺内的空海石刻像

图4 西安青龙寺内为纪念空海而立的碑文

图5 京都佛隆寺内的太和茶发祥承传地

图6 日本嵯峨天皇

除最澄禅师和空海大师之外，值得一提的还有高僧永忠。他在中国修佛、生活了大约28年之久（777—805）。805年当他返回日本时，已是63岁高龄了。永忠回国后，受到了日本天皇的赏识，掌管崇福寺和梵释寺。因为永忠长期在中国长安生活，养成了饮茶的习惯。所以当815年（弘仁六年）4月，日本嵯峨天皇巡幸近江滋贺县（图6），途经崇福寺时，永忠亲自为天皇煎茶奉茶，天皇还向永忠赐以御冠（图7）。据《日本后记》记载，这次永忠奉茶给天皇留下了深刻印象。同年6月，嵯峨天皇令畿内地区及近江、播磨等地种植茶树，以备每年贡茶之用。

图7 在滋贺崇福寺内，有永忠向嵯峨天皇奉茶遗存

尽管如此，当时日本的饮茶之风仅局限于僧侣和权贵间，饮茶被视为一种风雅。对此，日本最早的诗集《凌云集》载：弘仁4年（813），嵯峨天皇巡幸时，作《秋日皇太弟池亭》："肃然幽兴起，院里满茶烟。"次年，嵯峨天皇又作诗曰："吟诗不厌捣香茗，乘兴偏宜听雅弹。"从诗中可见一斑。又据日本《经国集·和出云巨太守茶歌》载，当时永忠的煎茶技艺、饮茶方法与中国唐代的饼茶煮饮法是一致的，日本饮茶风习也由此开始，逐渐从寺院走向民间。

其实，在最澄、空海、永忠之前的二百多年间，日本与中国至少已有十余批次佛教界高僧大德进行过文化交流，只是没有记载茶文化交流之事罢了，中日间的茶文化交流理应在此之前的事。

9世纪末，中国国势渐衰，农民起义不断，唐王朝摇摇欲坠，使日本对日中文化交流的热情渐弱。后经日本菅原道真建奏，宇多天皇遂于宽平六年（894）中止了向中国派送遣唐使、遣唐僧。其时，日本文化发展也就进入了传统的国风文化时期，由中国东传日本的饮茶之风，也逐渐沉寂了二三百年之久。

（三）荣西为何来中国修佛

大致在12世纪中期，中国已处于南宋时期。其时，日本爱茶高僧荣西目睹日本佛教因中日文化交流中断，没有新思想的输入，使教学僵化，流于形式，而处于相对停滞状态。为此，荣西决心来中国获取佛教经法，促使日本佛教获取新的发展。

同时，由于荣西出家的比睿山延历寺（日本京都东北部）是佛教天台宗的总本山，创始人为日本高僧最澄法师（图8）。而最澄当年在中国浙江天台山国清寺学习过天台宗等佛教思想和戒律，崇茶尚茶，还从天台山带回茶籽在日本栽种。继最澄后，紧接着又有日本慈觉大师（794—864）、智证大师（814—891）来中国天台山留学佛法。他们回日本后，也都给日本带去了新的学术氛围。

另外，当时的天台山已是佛

图8　荣西出家的日本滋贺县延历寺根本中堂

图9　天台山国清寺珍藏的智者大师像

教圣地。隋唐时，随着中国佛教的兴起，在天台山按智者大师旨意，于隋开皇十八年（598）创建了国清寺（图9、图10）。与此同时，智者大师还在天台山创立了佛教天台宗，积极提倡参禅学佛。接着，包括国清寺在内的天台山万年寺、方广寺、塔头寺等众多寺院，积极提倡饮茶参禅、修法悟性。宋熙宁五年（1072）五月，日僧成寻禅师来天台山参拜天台宗祖庭。对天台山寺院的佛门茶事，成寻在《参天台五台山记》中有过详细记载：至国清寺大门前，"寺主赐紫仲方，副主持赐紫利宣，监事赐紫仲文为首，大众数十人来迎。即共入大门，坐寄子吃茶。次诸共入宿房，殷勤数刻，宛如知己。又次吃茶，寺主大师遣唐历见日吉凶，壬辰吉日者，

图10　天台山国清寺一角

即参堂烧香。先入敕罗汉院十六罗汉等身木像、五百罗汉三尺像。每前有茶器，以寺主为引导人，一一烧香礼拜，感泪无极。"为此，使天台山寺院声名远扬，史有"佛宗圣山（指天台山），帝苑云雾（指云雾茶）"之说。

当然，在古代的交通条件下，日本来华学佛，首选浙江还因为浙江是南宋的京都所在，经济、文化繁荣，且距离日本较近。这样从日本启程，经中国明州，过台州，上天台山，亦算是最便捷的通道了。

因此，荣西来华探源佛法，首选中国天台山寺院当在情理之中。

二、荣西在天台山踪迹

日本高僧荣西于南宋时，先后两次渡海经明州登天台山求法，前后共有5年时间在天台山研习佛法经典，调查考察茶事。

（一）荣西其人

荣西（1141—1215），出生于今日本冈山市郊的吉备津，俗姓贺阳氏，幼名千寿丸（图11）。自幼出家为僧，享年74岁。其父贺阳秀重，原本是神社神官，荣西年幼时就跟随父亲学习佛教经文。荣西14岁时，便出家在京都比睿山延历寺为僧。其时，正值中日佛教文化交流处于停滞状态，日本佛教也因此而处于僵化时期。荣西目睹现状，暗下决心，要复兴日本佛教。于是，荣西21岁时就开始准备，决心先离开日本，到中国天台山留学取经，尔后再回日本弘扬佛法。这是因为浙江天台山是天台宗的始发地，此宗以罗什译的《法华经》《大智渡论》《中论》等为依据，吸取了古印度传来和在中国发展的各派思想，重新加以系统地组织而形成的思想体系。又因为创始人智者大师，住在浙江天台山，创建国清寺，遂称天台宗。而国清寺又是日本高僧最澄研修佛经的所在寺院。

荣西下决心后，经数年准

图11　日本高僧荣西座像

图12 天台山万年寺

备，后来两度留学中国浙江天台山，为施展佛法宏图作准备，打基础。

（二）天台山万年寺

天台山万年寺始于晋，建于唐，盛于宋，位在"五山十刹"，是饮誉海内外的禅宗道场（图12）。荣西来中国万年寺之际，正是万年寺的最盛时期，伽蓝规模恢宏，殿宇宏伟，建筑面积达3万平方米，房舍数千间，气势在天台山各大寺院之首，尤其是万年寺大雄宝殿内的巨柱，柱粗需两人合抱。为此，古人将天台山各大寺院之绝，合称为"五绝"：万年（寺）柱、国清（寺）松、塔头（寺）风、华顶（寺）雾和高明（寺）钟。南宋叶绍翁《四时见闻录》载：宋孝宗在位时，曾问学士宋子瑞，"天下名刹何处最佳？"宋之瑞曰："以万年（寺）、国清（寺）为最。"由此可见，南宋时万年寺在禅林中的声望与地位所在。

万年寺也是天台山云雾茶的传统产地。清代袁枚《万年寺题壁》中评它是"云雾茶浓水味清"。当年荣西在万年寺习禅之余，常在此考察茶的栽制技艺和饮茶之道。回日本时，荣西还带去天台山云雾茶种播于日本，并积极推广饮茶养生，誉为"日本茶祖"。

接着，荣西弟子道元，还有圆尔辨圆等也来天台山万年寺修禅（图13—16）。他们和荣西一样，回日本时带去天台山茶种和饮茶养生风习，在日本静冈等地推广应用。由此可见，天台山与日本茶文化渊源关系之深。

图13 静冈大圆觉寺内，有为纪念道元来华研佛尚茶的石雕

三、荣西《吃茶养生记》古今谈

图 14　道元墨迹

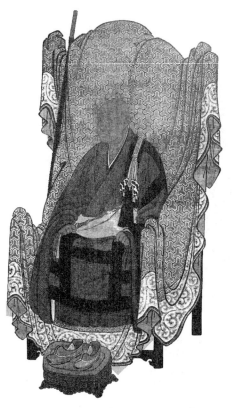

图15　京都东福寺内的圆尔辨圆像

图17　杭州径山寺的圆尔辨圆石刻像

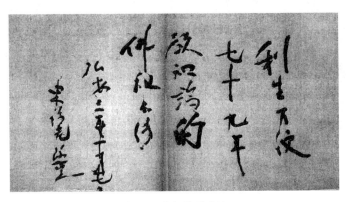

图16　圆尔辨圆手迹

（三）宋时的天台山茶事

宋时，特别是进入南宋时期，天台山茶文化已进入鼎盛时期，尤其是天台山方广寺的供养五百罗汉，并由此衍生出的"罗汉供茶"，更是闻名中外（图18）。

"罗汉供茶"，其实是出自宋元时的点茶。当时人们在点茶时，用艺术的手法使茶汤表面变幻出各种纹饰，时称"分茶"，又称"茶百戏"。它原本是流行于中国宋代时的一种点茶技艺，但给人们生活带来的影响却远远超过技艺本身，特别是给佛教造成了深远影响。这是因为佛教还将分茶加以佛化，将分茶时茶盏内茶汤表面出现雪涛（白色泡沫）的特异情景，与佛教的意念融洽在一起。据《大唐西域记》载："佛言震旦天台山石桥（即石梁）方广圣寺，五百罗汉居焉。"

图18　天台山方广寺是罗汉供茶的始发地

据《天台山方外志》载：宋景定二年（1261），宰相贾似道命万年寺妙弘法师建昙华亭，供奉五百罗汉。分茶时，供茶杯汤面浮现出奇葩，并出现"大士应供"四字，说是观音菩萨显灵。后来，有众多诗人吟咏这一"罗汉供茶"奇事。宋代诗人洪适称："茶花本余事，留迹示诸方。"宋代宋之瑞曰："金雀茗花时现灭，不妨游戏小神通。"这种"罗汉供茶"出现的神灵异感，传至当时中国京城汴梁（今河南开封），连仁宗皇帝赵祯也感动不已，认为是佛祖显灵，还派内使张履信持，供施石梁桥五百应真勒："诏曰：闻天台山之石桥应真之灵迹俨存，慨想名山载形梦寐，今遣内使张履信赉沉香山子一座、龙茶五百斛、银五百两、御衣一袭，表朕崇重之意。"表明石梁方广寺分茶的影响之深。北宋天台国清寺高僧处谦，还将天台方广寺内的分茶灵感带到杭州，给时任杭州刺史的苏东坡察看。苏氏看后，也大为赞叹，赋诗曰："天台乳花世不见，玉川（注卢全）风腋今安有？东坡有意续《茶经》，会使老谦名不朽。"

不仅如此，天台山的分茶还影响到东邻日本。宋时，日本高僧荣西、道元

图19 宁波天童寺内，有为纪念日僧道元
而立的灵迹碑

都对天台石桥"罗汉供茶"作过考察。特别是道元，他于宝庆元年（1225）从明州天童寺去天台山万年寺求法（图19），回国时也将天台石梁"罗汉供茶"之法，带回日本曹洞宗总本永平寺等地。据《十六罗汉现瑞华记》载："日本宝治三年（1249）正月一日，道元在永平寺以茶供养十六罗汉，午时，十六尊罗汉皆现'瑞华'。现瑞华之例仅大宋国天台山石梁而已，本山未尝听说。今日本数现瑞华，实是大吉祥也。"日本佛教界把天台分茶时茶盏茶汤表层浮现的异景称为"瑞华（花）"，誉为"吉祥"之兆。

由此可见，天台方广寺"罗汉供茶"的影响，不仅波及全国，而且还影响到东邻日本。

（四）荣西在天台山踪迹

荣西第一次来中国天台山是在1168年4月，当时荣西年方28岁。离开日本时，他从博多（今福冈）上船，一星期后，到达中国明州（今宁波），接着经台州，抵达天台山万年寺。

荣西在天台山万年寺学佛长达5个月左右。其实，荣西能在万年寺修禅，是南宋朝廷对他的特别关照。据载，当时万年寺所在的台州当地政要曾请荣西祈雨，成功之后，还奏请朝廷，南宋孝宗皇帝特赐荣西"千光佛师"称号。而荣西也不负众望，出资修建了万年寺放生池，后人誉称为"荣西莲池"。

荣西回国时，带回天台宗新章疏30部60多卷。这次荣西来中国，原本为求天台宗教义而来，但也触及到南宋时蓬勃发展的南禅宗，这为荣西日后研究禅宗，明察禅理，追究禅源留下了深刻的影响。

荣西第二次来中国天台山学佛是在1187年4月，并于当月25日抵达南宋京城临安（今杭州）。荣西这次来中国，直奔当时南宋京城，意在经中国去天竺（今印度）求法。但当荣西在临安（杭州）时获知西去印度之路，已被中国北方蕃王（即金、辽）阻断，无法通过，于是荣西决定再次留在中国，上天台山万年寺拜虚庵怀敞和尚为师。此次荣西在万年寺学习、考察先后长达两年五个月，后还与师虚庵怀敞去明州天童寺取经修禅。这次荣西前后在中国天台山共停留了4年多时间，最后于1191年秋，从中国明州乘船，抵达日本九州平户港回国。

荣西随师虚庵怀敞禅师到明州（今宁波）天童寺修禅时，还为重修天童寺千佛阁提供优质木料。荣西回国时，与师约定，于回国后的第二年（1192年），荣西就从日本起运，将木材运往宁波天童寺，为重修天童寺千佛阁作出贡献，后人一直传为美谈。

三、荣西在中日茶文化交流中的贡献

其实，宋时日本来华的学佛僧很多，在中日茶及文化交流史上做出最杰出贡献的使者，当数荣西。主要的功绩表现在两个方面：就是将宋代，特别是将南宋时的中国禅文化和茶文化传入日本。结果，在禅文化方面，荣西成了日本临济宗的创始人；在茶文化方面，荣西被誉为日本的"茶祖"。

本文仅从茶文化交流方面，阐述荣西为此而作出的杰出贡献。

（一）传播种茶方法，使茶很快成为日本一业

荣西在中国天台山修佛期间，在潜心钻研佛学的同时，还亲身体验了饮茶对养生的妙处。为此，荣西决心将中国天台山茶种和饮茶养生文化带回日本，并在日本传播普及开来。所以，当荣西踏上日本国土时，在布法的同时，陆续在九洲平户岛富春院（禅寺）、京都脊振山灵仙寺（图20）、博多（今福冈）圣福寺等地撒下了茶树种籽（图21），使中国天台山茶种很快在日本繁衍开来。至今，荣西在上述寺院旁栽茶的遗址以及碑文遗存

图20 日本京都脊振山荣西种茶处

依然存在。以后，荣西播种的茶种又推广到日本许多地区，使日本茶叶生产有

图21　日本圣福寺，荣西亲自在此种过茶

图22　高山寺内的明惠种的茶树遗存

了大的发展。

荣西回到京都以后，还于1207年前后，上京都栂尾山高山寺会见明惠上人（1173—1232），并向明惠上人推荐饮茶对养生的好处，又将茶种赐予明惠上人。于是，明惠上人遂将茶树种子种植在高山寺旁（图22）。对此，《栂尾明惠上人传》有载：荣西劝明惠饮茶，明惠就此请教医师，医师云：茶叶可遣困、消食、健心。由于高山寺四周的自然条件和生态环境，十分有利茶树的生长，使茶叶很快在栂尾山发展起来。又因其地所产之茶，滋味纯正，高香扑鼻，为与其他地方所产的茶相别，后人遂将其地所产之茶，称为"本茶"；而其他地方所产的茶称为"非茶"。如今，在栂尾山高山寺旁，还竖立着"日本最古之茶园"碑，以示对荣西的纪念（图23）。

另外，栂尾山高山寺还珍藏着一只黑釉小陶罐，据说当年罐内还藏有几粒荣西从中国天台山带回的茶籽，是荣西赠予明惠之物。后人敬仰。

（二）著《吃茶养生记》，受到日本社会的普遍关注

荣西前后两次来中国学佛期间，总结了中国寺院的茶禅生活，以及茶区生产实践中学得的饮茶养生、栽制技术、点茶技艺等，一一加以整理，并参考唐代陆羽《茶经》。大约于1211年完成了日本第一部茶书《吃茶养生记》初稿。后经增删修改，终于在 1214 年荣西 74 岁高龄时，《吃茶养生记》刊出（图 24），便立即受到日本社会的普遍关注，直至惊动最高统治者。据《吾妻镜》载：1214 年 2 月 4 日，赖实朝将军因前日饮酒过量而不适，众人奔走而无良法。其时正值荣西做法事来将军府，得知这一消息后，荣西立即派人去寿福寺取来茶叶，为将军点茶。将军服后，酒意渐散，精神起爽。于是将军问荣西："此为何物？"荣西答曰："茶！"并向将军奉上《吃茶养生记》。如此，经赖实朝将军推荐，荣西的《吃茶养生记》很快在日本传颂，使饮茶之风上至官府、下及民间很快普及开来；茶产业也很快形成，得到发展。

图 23　日本栂尾山高山寺明惠种茶处，立有"日本最古之茶园"碑

图 24　荣西《吃茶养生记》

（三）倡导饮茶养生，使饮茶之风很快在日本普及开来

荣西在他著述的《吃茶养生记》中，开片就开门见山，曰："茶者，养生之仙药也，延龄之妙术也。山谷生之，其地神灵也；人伦采之，其人长命也。"认为当时日本人"皮肉之色恶"，与不饮茶有关。说"但大国（指：中国）独吃茶，故心脏无病亦长命也。我国（指：日本）多有病瘦人，是不吃茶之所致也。"所以，荣西在全书末尾写道："贵哉茶乎！上通诸天境界，下资人伦矣。诸药各为一病之药，茶为万病之药。"荣西认为饮茶可养生，提出了饮茶有利于提高国民身体素质的崭新观点与诱人说法，使当时饮茶还属罕见的日本人民

为之一惊。加上荣西当时在日本的影响与地位，以致使饮茶养生之道，很快在日本普及开来。

（四）传受点茶技艺，为日本茶道形成开了先河

荣西传播的制茶新法，是随采随制，散叶瓶藏。而当饮茶时，再将散叶磨成粉末状后，再点茶。其法可在中国南宋时审安老人撰（1269）的《茶具图赞》"十二先生（茶具）"中找到答案（图25）。这种方法，经荣西传播到日本后，就成为以后慢慢形成和发展起来的日本抹茶道的最先雏型（图26）。

图25　南宋审安老人《茶具图赞》中的十二茶具图谱

图 26　日本里千家茶道馆外景

（五）介绍制茶技能，为日本制茶技术开创了新风

对宋代的制茶技能，荣西在《吃茶养生记·采茶时节》中写道："茶的美称为早春，又叫芽茗。在天子上苑中有茶园，每年元月三日召集下人进入茶园，来回高声叫喊。于是第二天，茶芽萌发一二分。则选用银镊子采摘，随即做成腊茶，一匙价值千贯。"其实，荣西写的是指中国福建建州贡茶园开园时的庆典礼仪。此典在每年惊蛰后一二日举行。对此，南宋编纂的《苕溪渔隐丛话》有载："年穷腊尽春欲动，蛰霄未起驱龙蛇。夜间击鼓满山谷，千人助叶声哈呀。万木寒凝睡不醒，惟有此树先萌芽。"说的是为让北苑贡茶的茶树早发芽、早制茶、早献给天子，当地要在每年惊蛰时的夜晚，茶农要一边击鼓，一边手举火把在茶山高喊："茶发芽！茶发芽！"祈求上苍保佑（图27、图28)！

图 27　中国福建建瓯的北宋北苑贡茶石刻

图28 福建武夷山茶事摩崖石刻

采茶后，对如何制茶，荣西在《吃茶养生记·调茶样》中写道："见宋朝焙茶样，则朝采即蒸，即焙之。懈倦怠慢之者，不可为事也。焙棚敷纸，以纸不焦为度。焙炒讲究，不慢不急，通霄不眠，夜里焙毕，随即盛入上好的瓶内，并以竹叶封瓶口，不令风入内，可经年不损。"这里荣西所述的，并为荣西亲自所见的制茶法，乃是浙江天台山一带的蒸青茶制作工序。

但在荣西传授的制茶技法之前，日本的制茶方法与陆羽《茶经》所述大致相似，是经"采之、蒸之、捣之、拍之、焙之、穿之、封之"而成的饼状茶。而荣西传播的制茶新法，是随采随制，散叶瓶藏。自此散叶茶在日本问世，从而为日本制茶史上开创了新法制茶技术，可谓是日本制茶史上的一次改革。

（六）提出茶德一词，使茶从物质上升到精神层面

在《吃茶养生记》中，荣西还向日本人民介绍：在中国茶是珍贵之物，并非一般饮料所及：说它"贵重于茶如眼……赐忠臣，施高僧。"而当时的日本对茶还认识不足，还"是则不知茶德之所致也"。日本《吾妻镜》在阐述荣西给源实朝献茶之事后，赞誉《吃茶养生记》是"称誉茶德之书。"对此，中国北宋强至的诗中，已有所及："茶品众所至，茶德予能剖。"它表明茶不同于一般饮料，茶是有德行的，在精神上是能与人沟通的。所以，荣西在书中写道："若人心神不快，尔时必可吃茶。"只可惜荣西没有再对茶德一词作进一步阐述罢了。

参考文献

陈宗懋，1991.中国茶经.上海：上海文化出版社.

陈祖槼，朱自振，1981.中国茶叶历史资料选辑.北京：农业出版社.

胡山源，1985.古今茶事.上海：上海书店.

三、荣西《吃茶养生记》古今谈

荣西，等，2003. 吃茶养生记. 王建，注译. 贵阳：贵州人民出版社.

滕军，2004. 中日茶文化交流史. 北京：人民出版社.

吴觉农，2005. 茶经述评（第二版）. 北京：中国农业出版社.

夏涛，2008. 中华茶史. 合肥：安徽教育出版社.

姚国坤，2004. 茶文化概论. 杭州：浙江摄影出版社.

姚国坤，姜堉发，陈佩芳，2004. 中国茶文化遗迹. 上海：上海文化出版社.

姚国坤，王存礼，程启坤，1991. 中国茶文化. 上海：上海文化出版社.

俞清源，1995. 径山史志. 杭州：浙江大学出版社.

赵朴初，2011. 佛教常识. 杭州灵隐寺.

中国茶叶股份有限公司，等，2001. 上下五千年. 北京：人民出版社.

中国茶叶股份有限公司，中华茶人联谊会，2001. 中华茶叶五千年. 北京：人民出版社.

朱自振，1991. 中国茶叶历史资料续辑. 南京：东南大学出版社.

程启坤 男，生于1937年3月，江西省婺源县人。1960年毕业于浙江农业大学茶叶系，同年分配到中国农业科学院茶叶研究所。曾任中国农业科学院茶叶研究所研究员、所长，农业部茶叶质量监督检验测试中心主任，曾兼任中国国际茶文化研究会副会长、世界茶联合会会长、中国农业科学院学术委员会委员、中国茶叶学会常务理事、中华茶人联谊会常务理事等职。40多年来进行的主要研究项目有茶儿茶素化学与生物化学的研究、茶树生长发育过程的生化变化、茶叶中防辐射物质的研究、茶叶理化审评、提高红碎茶品质技术研究、红碎茶品质化学鉴定、绿茶品质理化检验标准、绿茶滋味化学鉴定方法、茶叶中有效成分的提取分离及应用研究、茶叶防癌有效成分的提取等，先后取得科技成果10多项，获国家科学技术进步奖1项，部、院科技成果奖6项，省优秀论文奖2项。编著的主要著作有：《茶化浅析》《茶叶优质原理与技术》《饮茶的科学》《茶树生理及茶叶生化实验手册》《中国茶与健康》《古今名茶》《陆羽茶经解读与点校》《陆羽〈茶经〉简明读本》等，并参与《中国茶树栽培学》《中国农业百科全书·茶业卷》《中国茶经》《中国茶叶大辞典》《世界茶业100年》《饮茶与健康》《喝茶悟养生》《新茶经》《中华茶文化》多媒体光盘等的编写。已发表的学术论文有240余篇。

《吃茶养生记》要点述评

程启坤

荣西（1141—1215），是日本平安至镰仓时代（相当于中国南宋时代）人，14岁（1154）出家，28岁（1168）时留学中国。到过宁波广慧寺、阿育王寺及天台的万年寺，约6个月时间，初步学习了中国的佛教经典。1187年（47岁）他再次来到中国，在浙江一些寺院学习佛教，至1191年（51岁）回国。

荣西来中国期间，正是南宋时期。浙江盛行饮茶之风，不少佛教寺院也盛行饮茶诵经。当时寺院，以茶提神解困、帮助消化、防治疾病、强身健体已成共识，因此寺院饮茶已相当普及。

荣西来中国研习佛教的四年多时间里，大大丰富了佛教知识，同时也亲身体验了饮茶的好处。从而回国时，将中国茶种以及种茶、制茶、饮茶、以茶养生的方法带回日本，并设法要在日本传播这些饮茶文化知识。因此于1211年71岁时写作完成了具有重大历史意义的著作——《吃茶养生记》，并于1214年对该书作了某些修订，使其更完整。

荣西《吃茶养生记》这部著作，虽然是距今800年前的认识，但书中很多观点不仅具有历史价值，而且很多认识至今仍有现实意义。为此，对这部著作的若干要点作如下述评。

一、茶是养生仙药

荣西《吃茶养生记》分上、下两卷，上卷开头就指出："茶，养生之仙药也，延龄之妙术也。山谷生之，其地神灵也；人伦采之，其人长命也。……古今奇特仙药也。"

荣西的这一段开篇语，对茶给予了极高的评价，称之为"养生之仙药"。

中国道教主张通过修练可以长生不老，甚至可以成仙。为了达到长生不老，不断寻找各种"仙药"。据传临海盖竹山和天台山的茶就曾经被三国时道教天师葛玄看作"仙药"，葛玄的后裔晋代葛洪在《抱朴子》中曾有追述：临海"盖竹山有仙翁茶圃，旧传葛玄植茗于此"。另，天台山华顶归云洞前也有"葛仙茗圃"。荣西留学中国时曾在天台山万年寺学法，同时在此考察过"罗汉供茶"，所以荣西认为茶是"养生之仙药"，人们经常喝茶有助于长寿。现代科学研究证明，茶叶中有丰富的营养成分和药效成分，经常喝茶有助于增强免疫功能、防病治病，能达到强身健体、延缓衰老、健康长寿的目的。

二、茶能强心

荣西指出："伏惟天造万象，造人以为贵也，人保一期，守命以为贤也。其保一期之源在于养生，其示养生之术可安五脏。五脏中，心脏为王乎。建立心脏之方，吃茶是妙术也。"

荣西在这里指出，人的一生，保护生命最重要，而保护生命的根本在于养生，只有通过养生才能安顿五脏。五脏之中心脏最重要，而经常饮茶是健全心脏最好的方法。现在看来，这是非常有道理的。现代科学研究证明，茶叶中的茶多酚有降低血脂、平稳血压、软化血管、防止血管粥样硬化，从而起到保护心血管的作用。因此经常饮茶的人，心脏会比较健康。

三、苦味利心

荣西在五脏和合门中指出："肝脏好酸味，肺脏好辛味，心脏好苦味，脾脏好甘味，肾脏好咸味。……此五脏受味不同，好味多入，则其脏强。……日本国不食苦味乎，但大国（这里指中国）独吃茶，故心脏无病，亦长命也。我国（这里指当时的日本）多有病瘦人，是不吃茶之所致也。若人心神不快，尔时必可吃茶，调心脏，除愈万病矣。"

荣西上述关于脏器与味道的这一认识，虽然有些时代的局限性，但认为苦味物质有利于心脏健康是有一定道理的。现代饮食科学中，也认为很多苦味食物有利于保护心血管和心脏健康。如苦瓜、苦丁茶和绿茶，都是带苦涩味的食物，它们对人体的功效共同点，都是有利于降低血脂和防止血管硬化，都有利于心脏的健康。

四、茶能祛热解毒

荣西在《吃茶养生记》里，引用了很多中国古代有关茶的典籍，其中引用《广州记》后介绍了中国很多北方人到了南方的广州，由于受瘴热的原因容易得病。于是广州人总是劝来到这里的北方人饭后多饮茶。

唐陈藏器《本草拾遗》、明李时珍《本草纲目》中都有茶能"破热气、除瘴气"的论述。因此，荣西的这一认识也是有道理的，饭后饮茶不仅有助于消化，还有除热解毒、增强免疫的功效，经常饮茶的人会少生病，有利于强身健体。

五、茶有多种功效

荣西博览群书，在"茶功能"一节中，引用了中国古籍《吴兴记》《宋录》《广雅》《博物志》《神农食经》《本草》《食论》《壶居士食忌》《新录》《桐君录》《荈赋》《登成都楼诗》《本草拾遗》《天台山记》《白氏六帖·茶部》《白氏文集》《首夏》等。把茶的多种功效充分地加以介绍，提到的功效包括：醒酒、少眠、有力、悦志、防瘘疮、利小便、消渴、消食、益思、轻身、防脚气、除困倦、除疫、明目、除瘴热、解酒毒共 16 种之多。

中国中医学说认同药食同源，因此很多古籍中提到这些茶的功效，也是基于这一观点。饮茶的这些功效，大多数已被现代科学所证实，都是茶中很多营养成分与药效成分作用或协同作用的结果。如茶叶中的咖啡因有益思、悦志、强心、利尿、去脂、解困等功效；茶多酚有灭菌、除病毒、防疫、去脂、消渴、解酒毒、助消化等功效；茶氨酸有悦志、去脂、轻身、益思、免疫等功效；茶多糖有免疫、消渴等功效；纤维素、叶绿素有助消化等功效；多种维生素和矿物质有营养、防病等功效。

六、南宋时采茶

荣西见习了南宋时皇家茶园采茶场景，他在"采茶时节"和"采茶样"中记述："茶，美名云早春，又云芽茗，此仪也。宋朝采茶作法，内里后园有茶园，元三之内，集下人入茶园中，言语高声，徘徊往来。则次之日，茶一分二分萌。以银之镊子采之，而后作蜡茶，一匙之直及千贯矣。"

这一段记述，说明荣西可能到过南宋皇宫，知道皇宫后园有茶园；并且，在茶芽萌发前，集合下人到茶园中来回高声叫喊。可能就如古书中记载的"喊山"，高声齐喊"茶发芽！"喊山过后，第二天开始，茶芽逐渐萌发。然后用银摄子采下茶芽，经蒸、研、压制成蜡面饼茶，这种饼茶，价值千金。这实际上是宋代团饼贡茶采制的真实写照。

七、南宋的散茶采制

荣西在"调茶样"中记述："见宋朝焙茶样，则朝采，即蒸、即焙之。懈倦怠慢之者，不可为事也。焙棚敷纸，纸不焦样诱火。工夫而焙之，不缓不急，竟夜不眠，夜内可焙毕也。即盛好瓶，以竹叶坚封瓶口，不令风入内，则经年岁而不损矣。"

荣西这一段对南宋散茶（芽茶）的焙制，记述得相当详细。如即采即蒸即焙，不得怠慢，连夜加工，制好为止。焙茶棚上先敷纸，在纸上薄摊茶叶烘焙，火温不宜太高，以纸不焦为度。慢烤慢焙至干后，即盛入瓶内，用竹叶（粽叶）密封瓶口，在不漏气的情况下，贮存一年左右，品质不致下降。

荣西在此记述的实际上是长兴、宜兴一带，后流传入杭州一带的岕茶制法。明许次纾《茶疏》称："岕之茶不炒，甑中蒸熟，然后烘焙。"明高元濬《茶乘》称："惟罗岕宜焙，虽古有此法，未可概施他茗。"可见这种蒸青后的烘青茶，其他地方采用不多。

荣西当时所见的散茶收藏法是瓶装以箬叶封口的方法。明朱权《茶谱》称："茶宜蒻（箬）叶而收，喜温燥而忌湿冷，入于焙中。……不入焙者，宜以蒻笼密封之，盛置高处。"

从以上荣西的记述得知，南宋时散茶制法是：采来细嫩芽叶，入蒸桶用蒸汽杀青，然后在铺纸的焙棚上小火焙干，焙干后装瓶，用箬叶封口密封贮藏。

荣西如此详细地记述南宋散茶制法，这既是对南宋制茶文献的很好补充，也可供现代茗茶制造作参考。既有历史意义，也有现实意义。

八、提倡"茶德"

荣西《吃茶养生记》上卷末尾一段："已上末世养生之法如斯。抑我国人不知采茶法，故不用之，还讥曰非药云云。是则不知茶德之所致也。荣西在唐之昔，见贵重茶如眼，有种种语，不能具注。给忠臣、施高僧、古今仪同。唐医云：若不吃茶人，失诸药效，不得治痾，心脏弱故也。庶几末代良医悉之矣。"

荣西在这里指当时日本人饮茶不普及，有的认为茶不是药。荣西认为，这是人们不知道"茶德"的缘故。在这里荣西提到了"茶德"。中国唐代刘贞亮称茶有"十德"，即：以茶散郁气，以茶驱睡气，以茶养生气，以茶除病气，以茶利礼仁，以茶表敬意，以茶尝滋味，以茶养身体，以茶可行道，以茶可雅志。他不仅把饮茶作为养生之术，而且作为修身之道了。日本高僧明惠上人(1173—1232)当时可能就是受中国刘贞亮和日本荣西关于"茶德"的思想影响，也曾倡导"茶有十德"，即：诸天加护，父母孝养，恶魔降伏，睡眠自除，五脏调利，无病息灾，朋友和合，正心修身，烦脑消灭，临终不乱。由此也证明荣西认为日本要提倡"茶德"、提倡吃茶养生是无比正确的。

九、吃茶养生

荣西《吃茶养生记》下卷，虽然大量内容是介绍"桑疗法"，如何利用桑枝、桑叶、桑椹防病治病。但同时也提倡服用良姜、五香和茶。在"吃茶法"一节中提出："饭酒之次，必吃茶，消食也。引饮之时，唯可吃茶饮桑汤，勿饮他汤。桑汤、茶汤不饮，则生种种病。茶功能上记毕，此茶诸天嗜爱，故供天等矣。"他还引《本草拾遗》称茶可"止渴除疫云云"。为此，荣西疾呼："贵哉茶乎！上通诸天境界，下资人伦矣。诸药各为一种病之药，茶能为万病药而已。"

荣西在这里，提出了强身健体养生的"吃茶法"，甚至认为如不饮茶会带来生种种病的后果。并引用了唐代陈藏器《本草拾遗》的饮茶除疫的论述。同时他总结出他的观点：诸药各为一种病之药，茶为万病之药也。

众所周知，营养缺乏、免疫力下降、细菌病毒感染、自由基攻击等是种种疾病的根源。现代科学证实，茶叶中有多种营养成分与药效成分，这些成分既可对多种脏器与器官有补充营养的作用，同时又有多种药效功能，发挥解毒、灭菌、抗病毒、免疫、清除自由基、防癌抗癌等多种功效。因此"茶是万病之药"的观点是很有道理的。

荣西在这里提出日本人也要多饮茶，提倡"饮茶养生法"。荣西这本书的书名是《吃茶养生记》，这对日本后来逐渐形成的日本抹茶道起到了催生与指导作用。这里的"吃茶"与抹茶道的连茶带汤一起喝下去的饮用方法可能有关系。

荣西的《吃茶养生记》，明确地提出了吃茶有利于"养生"的观点，这无疑是非常正确的。"养生"一词，最早见于中国先秦、战国时期的《黄帝内经·

灵枢·本神》:"故智者之养生也,必顺四时而适寒暑和喜怒而安居处,节阴阳而调刚柔,如是则僻邪不至,长生久视。"

中国道教的养生术,倡导"天人合一",也就是通过将个人与自然相融合,使个人忘却忧愁,摆脱烦恼,使身心得以调适,恢复健康,并进而长寿、长生。唐代僧人皎然《饮茶歌送郑容》诗曰:"丹丘羽人轻玉食,采茶饮之生羽翼。"说明中国道家人极相信饮茶养生并有助成仙。

中国中医学十分重视预防保健,称为"养生"。所谓生,就是生命、生存、生长的意思;所谓养,即保养、调养、补养的意思。总之,养生就是根据生命的发展规律,达到保养生命、健康精神、增进智慧、延长寿命目的的科学理论和方法。就是将疾病消灭在萌芽阶段,达到《内经》所说的"治未病"的境界。

中医养生在中国有庞大的机构,面向大众开展广泛的养生教育活动。所谓中医养生,就是以传统中医理论为指导,遵循阴阳五行之变化规律,对人体进行科学调养,保持生命健康活力。主张通过精神调养、食疗药膳、养生功法等整体综合措施,达到体质增强、防治疾病、防止衰老、延长生命的目的。中医养生包括饮食养生、经络养生、体质养生、气功养生、运动养生、情志养生、睡眠养生、环境养生、起居养生、娱乐养生、药物养生等多个方面。

饮茶养生,属于饮食养生与情志养生的范畴,也就是荣西提倡的要普及推广"茶德"。"饮茶养生"与"茶德",包含着饮茶有利于人体生理健康与心理健康两个方面,饮茶既可防病治病,也可愉悦心情,"饮茶养生"之意在于此。

通读荣西的《吃茶养生记》,体会到当时荣西"吃茶养生"这个命名,意义深刻之极真是无以伦比!

诚然,荣西的《吃茶养生记》在那个时代因受佛教思想的影响,因而有着浓厚的佛教印记。书中抄录了诸如《尊胜陀罗尼破地狱法秘抄》《五藏曼荼罗仪轨抄》等佛教典籍有关内容,提出通过印相手势与背诵佛家真言达到治病的方法。作者由于对这些属于佛教医学的知识缺乏研究,不敢妄加述评,所以本文只得略去,实为遗憾。

参考文献

程启坤,陈宗懋,1994.饮茶与健康.北京:中国农业科技出版社.

程启坤,江和源,2005.茶的营养与保健.杭州:浙江摄影出版社.

荣西,2003.吃茶养生记.王建,注译.贵阳:贵州人民出版社.

三、荣西《吃茶养生记》古今谈

屠幼英，2011.茶与健康.西安：世界图书出版西安有限公司.

岩间真知子，2009.茶の医药史.京都：思文阁.

朱永兴，张友炯，黄永生，2008.中国茶与养生保健.济南：山东科学技术出版社.

朱自振，沈冬梅，增勤，2010.中国古代茶书集成.上海：上海文化出版社.

附录

《吃茶养生记》导读

关剑平

荣西在《序》中为茶定位："茶也，（末代）养生之仙药，（人伦）延龄之妙术也。"首先借印度、中国饮茶的事例来增强说服力，再援引自己被遗忘的传统，顺理成章地导出日本理所应该饮茶的结论。因为当时人们有各种各样可怕的问题，最重要的心脏首当其冲，而印度、中国都因为茶而得以安然无恙，所以荣西建议日本人模仿"大国之风"饮茶。

荣西的论述由两门构成，因此全书分为两卷。

第一五脏和合门首先根据《尊胜陀罗尼破地狱仪轨秘抄》，从五行思想出发论述茶与心脏的关系，其中最主要的论点是"心脏好苦味"，因为茶叶味苦，由此建立起茶叶与心脏的关系。世间食品独缺苦味，所以世人多有心脏问题，日本人也因此而长病羸瘦，只有大国的印度、中国因为茶叶得以幸免。

然后根据《五藏曼荼罗仪轨抄》，采用密宗的方法做加持，以保五脏平安。

加持由内、五味由外保五脏平安。心脏是五脏之首，茶是味道之首，苦味是五味之首。关于茶的加工、功能等从以下6条论述：

一解释茶的各种名字，二讲植物形态，三记功能，四讲采茶季节，五记采茶条件，六记加工方法。

第二遣除鬼魅门仍然从内外两个方面论述养生之道。内面通过念诵咒语加持，驱逐鬼魅病魔，《大元帅大将仪轨秘抄》是立论的基础。在总结末世鬼魅所致饮水病、中风手足不从心病、不食病、疮病、脚气病等五种病之后，因为桑是"万病之药""第一之治方"，所以逐一介绍了桑粥法、桑煎法、服桑木法、含桑木法、桑木枕法、服桑叶法、服桑椹法、服高良姜法、吃茶法、服五香煎法。这些由外治疗摄入的药方中的后三种比较唐突，荣西似乎也感受到了，于是做了说明，高良姜和茶也是"万病之药"，而五香煎的功用与茶相同，其实这是一款典型的汤。

最后总结时，荣西说自己所著为《养生记》（养生法），有印度、中国为依据。再一次引经据典强调桑是至高无上的仙药，而这似乎不是他的目的，于是再针对目的的茶，强调与桑的地位是同等重要。

荣西试图通过五行的苦对应于心脏，心脏是最重要的脏器，茶作为屈指可数的苦味食品，有益于心脏，这样的逻辑在确立茶的地位。可是要提升茶的地位缺乏理论支撑，于是他转而详细评述有据可依的桑，通过茶＝桑的逻辑，把茶推到世人公认的桑的地位上，这时再一次记述了茶。为了显得更加有力，还用在宋朝往往与茶搭档出现的汤——高良姜、五香煎来衬托，结论成了桑、高良姜、茶都是"万病之药"。这个论述方法充分反映了荣西多么注重茶，因此后人称《养生记》为《吃茶养生记》其实非常贴切，说到荣西的心坎儿里了。

参考文献

高桥忠彦校订.《吃茶养生记》初治本原文//熊仓功夫，姚国坤，2014.荣西《吃茶养生记》研究.东京：宫带出版社.

森鹿三.吃茶养生记//千宗室，1967.茶道古典全集：第二卷.京都：淡交新社.

校点凡例

1. 再治本以建仁寺两足院藏本为底本，参校东京大学史料编撰所永仁五年抄本和《群书类从》所收空阿藏本。

2. 原文的夹注与其他小字放（）内。

《吃茶养生记》（再治本）

关剑平　点校

吃茶养生记
卷之上

建仁寺开祖
入唐前权僧正法印大和尚位荣西录

序

　　茶也，养生之仙药也，延龄之妙术也。山谷生之，其地神灵也；人伦采之，其人长命也。天竺、唐土同贵重之，我朝日本曾嗜爱矣。古今奇特仙药也，不可不摘乎。谓劫初，人与天人同，今人渐下渐弱，四大五脏如朽然者，针灸并伤，汤治亦不应乎。若如此治方者，渐弱渐竭，不可不怕者欤。昔医方不添削而治，今人斟酌寡者欤。

　　伏惟天造万像，造人以为贵也。人保一期，守命以为贤也。其保一期之源在于养生，其示养生之术，可安五脏。五脏中，心脏为王乎。建立心脏之方，吃茶是妙术也。厥心脏弱则五脏皆生病。寔印土耆婆往而二千余年，末世之血脉谁诊乎；汉家神农隐而三千余岁，近代之药味诅理乎。然则无人于询病相，徒患徒危也；有惧于请治方，空灸空损也。偷闻今世之医术则含药而损心地，病与药乖故也；带灸而夭身命，脉与灸战故也。不如访大国之风，示近代治方乎。仍立二门，示末世病相，留赠后昆，共利群生矣。

　　于时建保二年甲戌春正月日谨叙。

第一五脏和合门
第二遣除鬼魅门
第一五脏和合门者，《尊胜陀罗尼破地狱法秘抄》云：一、肝脏好酸味，

二、肺脏好辛味，三、心脏好苦味，四、脾脏好甘味，五、肾脏好咸味。又以五脏充五行（木火土金水也），又充五方（东西南北中也）。

肝，东也，春也，木也，青也，魂也，眼也。

肺，西也，秋也，金也，白也，魄也，鼻也。

心，南也，夏也，火也，赤也，神也，舌也。

脾，中也，四季末也，土也，黄也，志也，口也。

肾，北也，冬也，水也，黑也，想也，髓也，耳也。

此五脏受味不同，好味多入，则其脏强，克旁脏，互生病。其辛酸甘咸之四味恒有而食之，苦味恒无，故不食之。是故四脏恒强，心脏恒弱，故生病。若心脏病时，一切味皆违，食则吐之，动不食。今吃茶则心脏强，无病也。可知心脏有病时，人皮肉之色恶，运命依此减也。日本国不食苦味乎，但大国独吃茶，故心脏无病，亦长命也。我国多有病瘦人，是不吃茶之所致也。若人心神不快，尔时必可吃茶，调心脏，除愈万病矣。心脏快之时，诸脏虽有病，不强痛也。又《五藏曼荼罗仪轨抄》云：以秘密真言治之。

肝，东方阿閦佛也，又药师佛也，金刚部也。即结独钴印，诵ꊐ字真言加持，肝脏永无病也。

心，南方宝生佛也，虚空藏也，即宝部也。即结宝形印，诵ꊑ字真言加持，心脏则无病也。

肺，西方无量寿佛也，观音也，即莲华部也。即结八叶印，诵ꊒ字真言加持，肺脏则无病也。

肾，北方释迦牟尼佛也，弥勒也，即羯磨部也。即结羯磨印，诵ꊓ字真言加持，肾脏则无病也。

脾，中央大日如来也，般若菩萨也，佛部也。即结五钴印，诵ꊔ字真言加持，脾脏则无病也。

此五部加持，则内之治方也；五味养生，则外病治也。内外相资，保身命也。

其五味者

酸味者，是柑子、橘、柚等也。

辛味者，是姜、胡椒、高良姜等也。

甘味者，是砂糖等也，又一切食以甘为性也。

苦味者，是茶、青木香等也。

咸味者，是盐等也。

心脏是五脏之君子也，茶是苦味之上首也，苦味是诸味之上味也，因兹心脏爱此味。心脏兴则安诸脏也。若人眼有病，可知肝脏损也，以酸性药可治之。若耳有病，可知肾脏损也，以咸药可治之。**鼻有病，可知肺脏损也，以辛性药可治之。舌有病，可知心脏损也，以苦性之药可治之。口有病，可知脾脏之损也，以甘性药可治之**。若身弱意消者，可知亦心脏之损也，频吃茶则气力强盛也。其茶功能并采调时节，载左有六个条矣。

一、茶名字

榎，《尔雅》曰：榎，苦荼，一名蔎（冬叶），一名茗，早采者云茶，晚采者云茗也，西蜀人名曰苦荼（西蜀，国之名也）。

又云：成都府，唐都西五千里外，诸物美也，茶亦美也。

《广州记》曰：皋卢，茶也，一名茗。

广州，宋朝南，在五千里外，即与昆仑国相近，昆仑国亦与天竺相邻。即天竺贵物传于广州，依土宜美，茶亦美也。此州无雪霜，温暖，冬不著绵衣，是故茶味美也。茶美名云皋卢。此州瘴热之地也，北方人到，十之九危，万物味美，故人多侵。然者食前多吃槟榔子，食后多吃茶，客人强多令吃，为不令身心损坏也。仍槟榔子与茶极贵重矣。

《南越志》曰：过罗茶（茗苦涩谓之过罗），一名茗。

陆羽《茶经》曰：茶有五种名，一名茶（早取谓之），二名榎（周公谓之），三名蔎（南人谓之），四名茗（晚取谓之），五名荈（加茹为六）。

《魏王花木志》曰：茗叶也云云。

二、茶树形、华叶形

《尔雅》注曰：树小似栀子木。

《桐君录》曰：茶叶状如栀子叶，其色白云云。

《茶经》曰：叶似栀子叶，花白如蔷薇也云云（实如栟榈，蒂如丁香，根如胡桃）。

三、茶功能

《吴兴记》曰：乌程县西有温山，出御荈云云。是云供御也，贵哉！

《宋录》曰：此甘露也，何言茶茗云云。

《广雅》曰：其饮茶醒酒，令人不眠云云。

147

《博物志》曰：饮真茶令少眠睡云云。眠令人昧劣也，亦眠病也。

《神农食经》曰：茶茗宜久服，令人有力悦志云云。

《本草》曰：茶味甘苦，微寒，无毒。服即无瘘疮也，小便利，睡少，去疾渴，消宿食。一切病发于宿食云云。消，故无病也。

《华佗食论》曰：茶久食则益意思云云。身心无病，故宜意思。

《壶居士食忌》曰：茶久服羽化，与韭同食，令人身重云云。

陶弘景《新录》曰：吃茶轻身，换骨苦。脚气即骨苦也。

《桐君录》曰：茶煎饮令人不眠云云。不眠则无病也云云。

杜育《荈赋》曰：茶调神和内，倦懈康除。内者，五内也，五脏异名也。

张孟阳《登成都楼诗》曰：芳茶冠六清，溢味播九区。人生苟安乐，兹物聊可娱云云。六清者，六根也。九区者，汉地九州云也。区者，城也。茶生用菜，苟字菜也。

《本草拾遗》曰：皋卢，苦，平。作饮止渴，除疫，不眠，利水道，明目。生南海诸山中，南人极重之。除温疫病也。南人者，广州等人也。此州瘴热地也，瘴此方赤虫病云[一]。唐都人补受领到此地，十之九不归。食物美味而难消，故多食槟榔子、吃茶，若不吃则侵身也。日本国大寒之地，故无此难。尚南方熊野山，夏不参谒，为瘴热之地故也。

《天台山记》曰：茶久服生羽翼云云。身轻故云尔也。

《白氏六帖·茶部》曰：供御云云。非卑贱人食用也。

《白氏文集》诗曰：午茶能散眠云云。午者，食时也。茶食后吃，故云午茶也。食消则无眠也。

白氏《首夏》诗曰：或饮一瓯茗云云。瓯者，茶盏之美名也，口广底狭也。为不令茶久寒，器之底狭深也，小器名也。

又曰：破眠见茶功云云。吃茶则终夜不眠而明目，不苦身矣。

又曰：酒渴春深一杯茶。饮酒则喉干引饮也，其时唯可吃茶，勿饮他汤水等。饮他汤水等，必生种种病故也。

四、采茶时节

《茶经》曰：凡采茶在二月三月四月间云云。

《宋录》曰：大和七年正月，吴蜀贡新茶，皆冬中作法为之。诏曰：所贡新茶宜于立春后造云云。意者冬造有民烦故也。自此以后，皆立春后造之。

《唐史》曰：贞元九岁春，初税茶云云。

茶美名云早春，又云牙茗，此仪也。宋朝此采茶作法，内里后园有茶园，元三之内，集下人入茶园中，言语高声，徘徊往来，则次之日茶一分二分萌。以银[二]之镊子采之，而后作蜡茶，一匙之直及千贯矣。

五、采茶样

《茶经》曰：雨下不采茶，虽不雨而亦有云，不采，不焙，不蒸，用力弱故也。

六、调茶样

见宋朝焙茶样，则朝采即蒸，即焙之。懈倦怠慢之者，不可为事也。焙棚敷纸，纸不焦样诱火。工夫而焙之，不缓不急，竟夜不眠，夜内可焙毕也。即盛好瓶，以竹叶坚封瓶口，不令风入内，则经年岁而不损矣。

已上末世养生之法如斯。抑我国人不知采茶法，故不用之，还讥曰非药云云。是则不知茶德之所致也。荣西在唐之昔，见贵重茶如眼，有种种语，不能具注。给忠臣，施高僧，古今仪同。唐医云：若不吃茶人，失诸药效，不得治瘠，心脏弱故也。庶几末代良医悉之矣。

卷之下

第二遣除鬼魅门者，《大元帅大将仪轨秘抄》曰：末世人寿百岁时，四众多犯威仪。不顺佛教之时，国土荒乱，百姓亡丧。于时有鬼魅魍魉乱国土，恼人民，致种种之病无治术。医明无知药方，无济长病，疲极无能救者。尔时持此《大元帅大将心咒》念诵者，鬼魅退散，众病忽然除愈。行者深住此观门、修此法者，少加功力必除病。复此病祈三宝，无其验，则人轻佛法不信。临尔之时，大将还念本誓，致佛法之效验，除此病，还兴佛法，特加神验，乃至得果证（略抄）。以之案之，近岁以来之病相即是也。其相非寒非热，非地水，非火风。是故近比医道人多谬矣。即病相有五种，若左。

一、饮水病

此病起于冷气，若服桑粥则三五日必有验，永忌蕺、蒜、葱勿食矣。鬼病相加，故他方无验矣，以冷气为根源耳。服桑粥，无百之一不平复矣（忌薤是还增故）。

二、中风，手足不从心病

此病近年以来众矣，亦起于冷气等。以针灸出血，汤治流汗，为厄害。永却火，忌浴，只如常识，不厌风，不忌食物，漫漫服桑粥、桑汤，渐渐平复，无百一厄。若欲沐浴时，煎桑一桶可浴，三五日一度浴之，莫流汗，是第一妙治也。若汤气入，流汗，则必成不食病故也。冷气、水气、温气，此三种治方若斯，尚又加鬼病也。

三、不食病

此病复起于冷气，好浴流汗，向火为厄。夏冬同以凉身为妙术。又服桑粥汤，渐渐平愈。若欲急差，灸治、汤治，弥弱无平复矣。

以上三种病皆发于冷气，故同桑治。是末代多鬼魅所著，故以桑治之。桑下鬼类不来，又仙药上首也，勿疑矣。

四、疮病

近年以来，此病多发于水气等杂热也。非疔非痈，然人不识而多误矣。但自冷气、水气发，故大小疮皆不负火。依此人皆疑为恶疮，尤愚也。灸则得火毒，即肿增。火毒无能治者，大黄寒、水寒、石寒为厄。依灸弥肿，依寒弥增，可怪可斟酌。若疮出则不问强软，不知善恶，牛膝根捣绞，以汁傅疮，干复则旁不肿，熟破无事，浓汁出。付楸叶，恶毒之汁皆出。世人用车前草，尤非也，永忌之。服桑粥、桑汤、五香煎，若强须灸，依方可灸之。谓初见疮时，蒜横截，厚如钱厚，付疮上，艾坚押如小豆大，灸蒜上，蒜焦可替，不破皮肉，为秘方，及一百壮即萎。火气不答，必有验。灸后付牛膝汁，并可付楸叶，尚不可付车前草，付则旁肿，依不出恶汁。故日本多用车前草，不识药性故也，可忌可忌。又有芭蕉根，神效矣（皆疮妙药也）。

五、脚气病

此病发于夕之食饱满，入夜而饱饭酒为厄，午后不饱食为治方。是亦服桑粥、桑汤、高良姜、茶，奇特养生妙治也。新渡医书云：患脚气人晨饱食，午后勿饱食等云云。长斋人无脚气，是此谓也。近比人万病称脚气，尤愚也，可笑哉！呼病名而不识病治，为奇云云。

已上五种病皆末世鬼魅之所致也，皆以桑治事者，颇有受口传于唐医矣。亦桑树是诸佛菩萨树，携此木，天魔犹以不竞，况诸余鬼魅附近乎？今得唐医口传，治诸病无不得效验矣。近年以来，人皆为冷气侵，故桑是妙治方也。人不知此旨，多致夭害，疮称恶疮，诸病号脚病，而不知所治，最不便。近年以来五体身分病皆冷气也，其上他疾相加，得其意治之皆有验。今脚痛非脚气，是又冷气也。桑、牛膝、高良姜等，其良药也。桑方注在左。

一、桑粥法

宋朝医曰：桑枝如指三寸截，三四细破，黑豆一把，俱投水三升（炊料）煮之，豆熟桑被煎，即却桑加米，依水多少，计米多少，作薄粥也。冬夜鸡鸣期，夏夜夜半初煮，夜明即煮毕。空心服之，不添盐，每朝勿懈，久煮为药也。朝食之，则其日不引水，不醉酒，身心静也，信必有验。桑当年生枝尤好，根茎大不中用。桑粥总众病药，别饮水中风，不食之良药也。

一、桑煎法

桑枝二分计截，燥之，木角焦许燥，可割置三升五升盛袋，久持弥好乎。临时水一升许，木半合计，入之、煎之、服之，或不燥煎服无失，生木复宜。新渡医书云：桑，水气、脚气、肺气、风气、臃肿、遍体风痒干燥、四肢拘挛、上气眩晕、咳嗽口干等疾皆治之，常服消食，利小便，轻身，聪明耳目云云。

《仙经》云：一切仙药不得桑煎不服云云。就中饮水、不食、中风最秘要也。

一、服桑木法

锯截屑细，以五指撮之，投美酒饮之。女人血气能治之，身中腹中万病无不差。是仙术也，不可不信也矣。恒服，得长寿无病也。

一、含桑木法

如齿木削之，常含之，口、舌、齿并无疾，口常香。诸天神爱乐音声，魔不敢附近。末代医术何事如之哉！以土下三尺入根弥好，土上颇有毒。若口喎、目喎皆治矣，世人皆所知也。土际有毒，故皆用枝也。

一、桑木枕法

如箱造，可用枕。枕之则无头风，不见恶梦，鬼魅不附近，目明乎，功能亦多矣。

一、服桑叶法

四月初采，影干。秋九月、十月，三分之二落，一分残枝采，又影干，和合末。一如茶法服之，腹中无疾，身心轻利。夏叶、冬叶等分，以秤计之。是皆仙术而已。

一、服桑椹法

熟时收之，日干为末，以蜜丸桐子大，空心酒服四十丸。每日服之，久服身轻无病。是皆本文耳（日本桑颇力微）。

一、服高良姜法

此药出于大宋国高良郡，唐土、契丹、高丽同贵重之，末世妙药只是计也。治近比万病必有效。即细末一钱，投酒服之。断酒人以汤水粥米饮服之。又煎服之，皆好乎。多少早晚答以为期。更无毒，每日服。齿动痛、腰痛、肩痛、腹中万病皆治之。脚膝疼痛，一切骨痛，一一治之。舍百药而唯茶与高良姜服无病云云。近年冷气侵故也，治试无违耳。

一、吃茶法

极热汤以服之。方寸匙二三匙，多少随意，但汤少好，其又随意云云，殊以浓为美。饭酒之次，必吃茶消食也。引饮之时，唯可吃茶、饮桑汤，勿饮他汤。桑汤、茶汤不饮，则生种种病。

茶功能上记毕。此茶诸天嗜爱，故供天等矣。《劝孝文》云：孝子唯供亲云云。是为令父母无病长寿也。宋人歌云：疫神舍驾礼茶木云云。《本草拾遗》云：止渴除疫云云。贵哉茶乎！上通诸天境界，下资人伦矣。诸药各为一种病之药，茶能为万病之药而已云云。

一、服五香煎法

一者，青木香（一两）

二者沉香（一分）

三者丁子（二分）

四者薰陆香（一分）

五者麝香（少）

右五种各别末，后和合。每服一钱，沸汤和服。五香和合之志，为令治心脏也，万病起于心故也。五种皆其性苦辛，是故心脏妙药也。荣西昔在唐时，从天台山到明州，时六月十日也，天极热，人皆气绝。于时店主丁子一升，水一升半许，久煎二合许，与荣西，令服之而言：法师远涉路来，汗多流，恐发病欤。仍令服之也云云。其后身凉清洁，心地弥快矣。以知大热之时凉，大寒之时能温也。此五种随一有此德，不可不知矣。

上末世养生法，聊得感应记录毕。是皆非自由之情，以此方治近比诸病无相违乎。诸方中桑治方胜，是因为仙药也。《本草》云：煎桑枝服，疗水气等云云（前出之）。取要言之，服茶、服桑之后，诸药服用，必有效验。《仙经》文先出毕，此等记录皆有禀承于大国乎。若不审之辈到大国询问，无隐欤。今为利生，谨录上，后时不改矣。

此记录后闻之，吃茶人瘦生病云云。此人不知己所迷，岂知药性自然用哉？复于何国何人吃茶生病哉？若无其证者，其发词空口引风，徒毁茶也，无半钱利。又云高良姜热物也云云。是谁人咬而生热哉？不知药性，不识病相，莫说长短矣！

荣西禅师《吃茶养生记》者，盖菩萨愍物万衢之一术也。若人依方修治，则不假造作，得疗沈痾矣。世人贵难得药，贱易求物，故至药毒害人而不可治，何啻方剂乎？学道亦然。悲哉！山本氏寿梓之次，请予加点，文义疑者，窃加批评，俟后贤是正云尔。

元禄甲戌之春 琶江 病隐旡涯谨识

校记

[一] 此方赤虫病云：原为小注，据意改。

[二] 银：原作"录"，据史本改。

后　记

　　2011年9月17日，第一届世界茶文化学术会议在杭州新侨饭店召开，会议最后一个议程是讨论下届会议的主题和时间、地点。按照轮流主办的约定，熊仓功夫先生决定2012年9月在静冈召开会议，讨论决定研讨主题是荣西《吃茶养生记》。《茶经》是中国、也是世界的第一部茶书，《吃茶养生记》是日本的第一部茶书，在时代上相延续。

　　因为第十二届国际茶文化研讨会也定于2012年9月举办，而又迟迟定不下具体时间，日方按照提前半年决定日程的惯例，把会议时间改到了10月2—5日，制定了详细的日程：

　　主办：世界茶文化学术研究会

　　共同主办：静冈县·浙江省2012绿茶博览会推进委员会、公益财团法人世界绿茶协会

　　协办赞助：羽衣食品株式会社

　　会场：静冈会展中心（爱称GRANSHIP）

　　10月2日8:00早餐

　　9:00从饭店出发前往会场

　　10:00—11:00熊仓功夫基调讲演《荣西与宋代茶文化》

　　11:00—12:00姚国坤《荣西上天台山的来龙去脉与茶事踪影》

　　12:00—13:00中餐

　　13:00—14:00高桥忠彦《〈吃茶养生记〉的语汇与文体》

　　14:00—15:00程启坤《〈吃茶养生记〉要点述评》

　　15:00—15:30休息

　　15:30—16:30中村修也《〈吃茶养生记〉著述目的》

　　16:30—17:30余悦《宋代城市的发展和茶俗》

　　17:30—18:30回饭店

　　18:30—20:30欢迎会（与静冈县知事川胜平太的恳谈会）

10 月 3 日 8：00 早餐

9：00 从饭店出发前往会场

9：30—10：30 中村羊一郎《荣西传来的宋式抹茶法在民间的普及》

10：30—11：30 沈冬梅《宋代文人与茶文化》

11：30—12：30 关剑平《以鏊为中心的宋代吃茶法研究》

12：30—14：00 中餐・休息

14：30—17：30 公开研讨会

17：30—18：30 回饭店

19：00—21：00 晚餐（世纪酒店静冈店）

10 月 4 日 8：00 早餐

9：00 从饭店出发前往浜松

10：00—12：00 参观岛田市茶乡博物馆

12：00—13：00 中餐（格兰特酒店挂川站前店）

13：00—16：00 参观茶业试验场、挂川城等

16：30—17：30 休息・点心（大藏行为城市酒店浜松店）

18：00—21：00 观赏薪能（静冈文化艺术大学）

21：00—22：30 闭幕式・联谊会（大藏行为城市酒店浜松店）

代表性的学者、著名的饭店、古典的艺术、当代的技术……一应俱全，这是具有高度生活文化修养的熊仓先生的设计。会议如期举行了，可是因为某些原因会议内容进行了一些调整。

会后日本如期出版了会议论文集，我也拜托诸如立命馆大学讲师陈敏等帮助翻译日本方面的论文。可是，翻译之后才发现，底稿是会议报告用稿，不是定稿。不好意思再让朋友们重新翻译，只能自己做。好不容易翻译得差不多了，又在整理计算机时误删了文件夹，懊悔的心情让我迟迟无法再次动手翻译。现在这是第三次翻译的稿件。

特别值得一提的是浙江大学黄杰博士提供了符合会议要求的稿件。发起世界茶文化学术研究会的主旨是通过共同研究，利用日本的研究引导中国的茶文化研究走向规范。熊仓先生建议固定成员以保持研究的持续性，可是中国遵守人文社会科学研究规范的茶文化研究者屈指可数，找不到 5 位稳定的与会学者。为解燃眉之急，特地向黄杰博士约稿。

后记

2018 年 8 月 15 日星期三于此此斋（上海青浦徐泾绿中海）